CÓMO PREPARAR TU TESIS DOCTORAL EN HEPATOLOGÍA

2ª PARTE

CÓMO PREPARAR TU TESIS DOCTORAL EN HEPATOLOGÍA
2ª PARTE

Fernando Manuel Jiménez Macías

Médico adjunto Aparato Digestivo

Hospital Juan Ramón Jiménez
Universidad de Huelva
(Huelva)

Lulu.com
2014

Título original: Cómo preparar tu tesis doctoral en Hepatología.Parte 2

First Printing: Diciembre 2014

Maquetación e impresión: Facultad de Ciencias de la Educación. Universidad de Huelva

ISBN 978-1-326-10129-9

Universidad de Huelva

Arias Montano
Repositorio Institucional
de la Universidad de Huelva

Lulu.com
Enlace web:
http://rabida.uhu.es/dspace/bitstream/handle/10272/9946/Analisis_de_las_caracteristicas.pdf;sequence=2

Huelva, Andalucia, España (Spain)

ferjimenez2@gmail.com

Dedicatoria

A todos aquellos que me apoyaron
y me animaron a llegar a ser lo que soy.

A mi mujer, que me dio los dos hijos
tan lindos que tengo
y llenarme de ilusión cada día.

A mis queridos padres, a los que estaré eternamente
agradecido y les debo todo lo que hoy en día soy.

Contenido

Agradecimientos

Muchas gracias a mis directores de tesis Dr. D. Emilio Pujol de la Llave y Dr. D. Carlos Ruíz-Frutos. A mi jefe de unidad, Dr. Manuel Ramos Lora. A mis compañeros y amigos del Laboratorio de Biología Molecular, Luís Galisteo y Fátima Barrero. A la Fundación FABIS y al equipo directive del Hospital Juan Ramón Jiménez de Huelva.

Prefacio

Si tu ilusión es alcanzar a ser doctor en cualquier material científica, especialmente si va a tratar temas relacionados con la medicina, y estás enormemente preocupado por como vas a tener que desarrollar tu futura tesis doctoral, acabas de encontrar una obra que te permitirá aclarar todas tus dudas, te servirá como guión para preparar tu manuscrito y te enriquecerás de que fue mi experiencia en lo que fueron los preparativos de mi tesis doctoral, el material que empleé en su defensa, así como todas las posibles dudas que surgen en un doctorando como es tu caso.

Esa va a ser mi ayuda: podrás ver la estructura a seguir para tu tesis doctoral, las diapositivas que empleé en la defensa de la tesis, los trámites burocráticos que llevan, así como todo lo relacionado con la preparación de una buena tesis doctoral.

Dr. Fernando M. Jiménez Macías

Introducción

Si tu intención es preparar tu tesis doctoral y ya tienes finalizado tu proyecto de investigación, listo para plasmarlo en un borrador primero que incluya tus resultados y conclusiones, sin olvidar la metodología que empleaste, este el manual que tendrás que usar para estar bien asesorado.

Yo me encontraba en tu misma situación, con la ilusión de conseguir ser doctor y al mismo tiempo con la incertidumbre de si conseguiría. Finalmente conseguí mi graduación de doctor y todo lo que es la experiencia que alcancé desde que inicié mi proyecto de investigación hasta que conseguí mi grado de doctor quiero plasmarla aquí para que la conozcas y te sirva de apoyo para el diseño de tu futura tesis doctoral.

Esta obra consta de la parte 1, que incluye lo que fue el inicio de la realización de mi proyecto de investigación, como conseguimos financiación pública, como lo iniciamos, la logística que tuvimos que llevar a cabo para su realización, la ayuda que nos supuso la fundación de investigación que coordinó su diseño. También incluimos en esta primera parte, la primera mitad de la tesis doctoral, centrándonos en como diseñar los primeros apartados de la misma, que es lo que más cuesta, el empezar cualquier manuscrito, centrándonos en la exposición del resumen, introducción, glosario, metodología, etc.

En la parte 2° te mostramos la segunda parte de la tesis doctoral (resultados, conclusiones, anexos, referencias bibliográficas, material empleado para su lectura), seguida de una serie de capítulos en las que te informan sobre recomendaciones y consejos a seguir para desarrollarla.

Espero que esta obra suponga un Segundo director de tesis que te apoyará en caso de dudas y que podrás complementar a las recomendaciones y sugerencias de tu director de tesis.

Dr. Fernando M. Jiménez Macías

Cómo preparar tu tesis doctoral. 2ª Parte

Capítulo 7: Diseño primer borrador

Una vez que ya se han realizado los análisis estadístico con el programa informático en SSPS, los manuscritos de tesis deben seguir una estructura formal que se recomienda respetar. Generalmente son los directores de tesis son las personas adecuadas que deben indicarle cúal debe ser la estructura a respetar, pues se siguen unos pasos metodológicos que no deben faltar y que los diferentes evaluadores que tenga la tesis, los diferentes componentes del tribunal, van a evaluar sistemáticamente, de tal manera que se debe ser exquisito y planificador para que no te falten ninguna de estas partes y deben cuidarse al máximo.

La primeras páginas de la tesis deben contener el nombre del departamento y Universidad donde se ha dirigido la tesis doctoral. Debe especificarse los directores de la tesis y tu nombre (doctorando), que será el que tendrá que hacer su lectura. Se recomienda que se especifique la fecha de lectura de la tesis.

Tras haber hecho esto, páginas que puedes visualizar en la parte 1 de la obra, deben exponer el apartado de agradecimientos, que debe ser objetivo y síncero, y nunca olvidando las personas que consideres han sido importantes en que tu tesis doctoral haya sido una realidad, especialmente tu familia.

A continuación, debes incluir el índice de contenidos , asegurándote que cada apartado tiene especificado la página correcta, de tal manera que cuando tengas el manuscrito en pdf debes de comprobar que no existen errores en la asignación de página que le diste. Debes comprobar esto en varias ocasiones, especialmente al final de su elaboración, y especialmente antes de indicar su encuadernamiento en la copistería o imprenta donde lo vayas a realizar.

El CAPÍTULO I abarca el resumen de la obra. Tiene que estar primero en lengua nativa o española en este caso y, a continuación, una versión traducida al inglés, para que cualquier persona de lengua no española, pueda leerla y valorar si le interesa. Este sumario o resumen debe tener una introducción, material y métodos, resultados y conclusiones.

A continuación en el CAPITULO II, se debe exponer el GLOSARIO, el cual debe incluir las abreviaturas empleadas en tu tesis doctoral, en las que el lector podrá consultar aquellas que desconozca.

En el CAPÍTULO III incorporarás la INTRODUCCIÓN, en la cual te recomiendo que hagas una búsqueda bibliográfica lo más actualizada posible y completa, que esté centrada en los problemas más incipientes que puedan justificar la generación de la hipótesis de tu estudio. Probablemente, hayas empleado bibliografía que ya no sea válida para cuando vayas a realizar la introducción en tu tesis. Es un aspecto que no debes olvidar, de encargarte de revisar el Pubmed de nuevo y abarcar artículos que pudieran mejorar tu trabajo y hacer mención a los más importantes y relacionados con tu trabajo. Intenta centrar tu introducción en los 5 últimos años y como mucho en los 10 años anteriores a tu trabajo, haciendo mención a trabajos más antiguos cuando hayan sido muy relevantes.

En el CAPÍTULO IV debes tratar, por un lado, la hipótesis o hipótesis de tu estudio, así cuales son los objetivos del mismo. En el CAPÍTULO V, debes tratar la metodología de tu estudio. No olvides incluir en este apartado y por este orden, el diseño del estudio (prospectivo, retrospectivo, descriptivo, analítico, etc), el cálculo del tamaño muestral, especificando el programa estadístico del que te hayas ayudado.

Para su cálculo es fundamental que te apoyes en un estadístico, que la mayor parte de las fundaciones de investigación vinculadas a los centros sanitarios públicos, en los que hayas realizado la investigación, suelen disponer y te ayudarán a exponer estos datos de una forma concisa y exhaustiva. Debes exponer los criterios de inclusión y exclusión empleados en tu estudio. Hablará sobre los pacientes incluidos en tu estudio y las diferentes variables cualitativas o cuantitativas empleadas.

Destacarás en este capítulo las variables más importantes del estudio y harás apartados independientes, en los que comentarás como las determinaste y que sistemas empleaste, siendo lo más descriptivo posible, de forma que si otra persona desea reproducir tu estudio, disponga de la mayoría de los datos que le permitan llevarlo a cabo en su centro.

También es importante que destaques que herramientas estadísticas has empleado para analizar las variables de tu estudio, los niveles de significación estadística, los intervalos de confianza y su validez interna (sensibilidad, especificidad, valor predictivo positivo o negativo·) si es que se trata de una herramienta diagnóstica como fue la que intentamos diseñar en nuestro estudio para predecir la respuesta virológica al tratamiento en pacientes con hepatitis crónica C genotipo 1 que eran sometidos a terapia dual.

No olvides especificar en este capítulo los potenciales conflictos de intereses hallados, las subvenciones públicas o privadas que hayan servido para financiar tu proyecto. También es importante destacar que se cumplen los requerimientos éticos de cualquier estudio (Declaración de Helsinki y la normativa aprobada por los diferentes Comités Éticos de Investigación Científica).

En el CAPÍTULO VI se especificarán los resultados más relevantes de tu estudio.En nuestro caso, especificamos las variables estadísticamente significativas más relevantes, cómo desarrollamos la herramienta diagnóstica, si fue posible el diseño de una patente que debe quedar registrada en la Oficina de Patentes, especificando su número de registro. También puede hacerse mención de su potencial aplicabilidad clínica y tratar aspectos fármaco-económicos en base a criterios de costo-eficiencia.

En el CAPÍTULO VII se tratará la discusión. Es una parte muy importante, en la cual debes conexionar los resultados de tu estudio con la bibliografía actualizada existente.

Debes especificar qué resultados de tu estudio son comunes a otros, comparándolos y qué cosas son distintas o novedosas respecto a los obtenidos en otros estudios. Ve especificando la numeración bibliográfica en las referencias, conforme la vas tratando en la discusión, siguiendo el orden bibliográfico que dejaste al finalizar la introducción (parte 1 de la obra). Debes destacar las aportaciones relevantes de tu estudio, tratar aspectos sobre validez interna y externa de tu trabajo, su potencial aplicabilidad en la práctica cínica y hacer un ejercicio de autocrítica constructiva de tu estudio, especificando posibles limitaciones y dificultades que tuviste para haberlo hecho mejor.

En el CAPÍTULO VIII tratas la conclusiones. Recuerda que la metodología de presentación de la tesis, te va a obligar a leerlas literalmente el día que tengas que hacer la defensa de tu tesis. El dia de su lectura te recomiendo te las sepas de memoria, para demostrar soltura a la hora de exponerlas.

En el CAPÍTULO IX se especificarán los anexos de tu estudio: formularios empleados, consentimientos informados, gráficas o tablas muy relevantes y documentos que creas deben ser destacados.

Debes incluir al final un índice de tablas o figuras destacadas, las cuales no hayan sido expuestas en apartados previos del manuscrito.

En el CAPÍTULO X, como último apartado, reflejarás respetando el orden establecido, las diferentes referencias bibliográficas empleadas, lo más actualizadas posibles, que harán referencia a partes del texto tanto de la introducción como de la discusión.

Capítulo 8: Supervisión y corrección de errores

Cuando has seguido todos esos pasos anteriormente descritos en el capítulo 7, y ya por fin, tienes un primer borrador de lo que será tu futura tesis doctoral, creerás que ya está casi terminado y que te queda poco para poderla presentar. Nada más lejos de la realidad. Igual has sido un "máquina" y en varios meses ya tienes el primer borrador. Ha sido duro, indudablemente, pero no creas que has casi acabado. Ahora te toca aguantar todas las envestidas que te harán tus directores de tesis, para que la conviertas en un ejemplar maravilloso y que respete en cada uno de los rincones de tu manuscrito los aspectos formales necesarios, así como la presentación de tus datos, para que las críticas que pueda hacerte los componentes del tribunal sean las menos posibles y puedas defenderla con el mayor éxito posible.

Así es, prepárate para estar al menos 3-4 meses con reuniones periódicas en las que te evaluarán selectivamente cada uno de los apartados de tu primer borrador. Tus directores de tesis son facultativos con mucha experiencia y con alta cualificación y, aunque haya cosas que igual no estés de acuerdo, forma parte importante de tu formación como doctorando, el cumplir todos y cada uno de sus consejos. Por ello, intenta de trabajar en la tesis dura y finamente para que no haya fallos, reúnete con tus directores de tesis las veces que sean necesarias, siguen sus directrices.

Irás progresivamente observando como tu primer borrador cada vez es más brillante y aqueja menos fallos. Los aspectos formales son aspectos que desconoceras, pero son tan importante o más como el contenido de tu trabajo, por muy interesante que sean.

Aprende que tienes que hacer un introducción no demasiado extensa. No es la parte más importante. El resumen debe ser conciso, claro y respetar el número de palabras que te recomienden tus directores. La traducción al inglés sería recomendable que te la valorara un medical writer. La metodología es importante. Se detallista en ella. Los resultados muestra primeros los aspectos descriptivos y posteriormente los analíticos. Las tablas tienen que tener su título y describir todas las abreviaturas que aparezcan en ella.

En el manuscrito podrás observar como debes hacer la exposición de las diferentes tablas y de los gráficos que aparecen. Asegurate de que en apartado de anexo, coinciden las enumeraciones de las tablas y gráficas. Estaría muy mal que uno de los componentes del tribunal quisiera localizar una de tus tablas siguiendo la enumeración y viera que no coincide. Ya sabes es un trabajo arduo con múltiples correcciones, que te llevará meses, pero recuerda que finalmente acabarás y quedará estupendo.No pierdas la paciencia y da tiempo al tiempo. Todo saldrá como esperas. Te juegas mucho y has trabajo duro para conseguirlo. Las conclusiones hazlas muy claras, sabiendo que las tendrás que leer tal como las escribiste literalmente el día de la defensa de la tesis.

Capítulo 9: Presentación en power-point

Esta parte es importante que le dediques tiempo. Te recomiendo al menos 20 días o 1 mes en asegurarte que queda bien. Date cuenta que van a ser tu apoyo cuando vayas a hacer la exposición de tu tesis al tribunal. No debe estar muy cargada de muchos datos y debe constituir una especie de guión que tendrás para desarrollar cada uno de los aspectos sobre los que hagas mención en tu exposición. Es recomendable que busques en internet una página web que trata sobre “slideshare”. Así podrás visualizar otras presentaciones en power-point sobre temas parecidos a los que tratará tu tesis doctoral. Podrás descargarte las que más te hayan gustado, y podrás obtener ideas como hacer tu presentación más personal y eficaz para exponer los resultados.

Es muy importante que busques el fondo de la diapositiva más original que creas va bien con tu presentación. Debes incorporar una primera diapositiva que incluya la universidad, departamento en el que has realizado el proyecto de investigación, tu nombre, tus directores de tesis.

En una segunda diapositiva debes exponer la estructura de tu presentación (introducción, metodológia, resultados, índices de calidad y conclusiones). Las conclusiones puedes reflejarla en diapositivas o leerla directamente de tu ejemplar de tesis. Debes seguir la estructura de tesis.

A continuación, exponemos las que fueron las diapositivas de mi presentación el día de la lectura de tesis doctoral que yo presenté para que te sirva de guión:

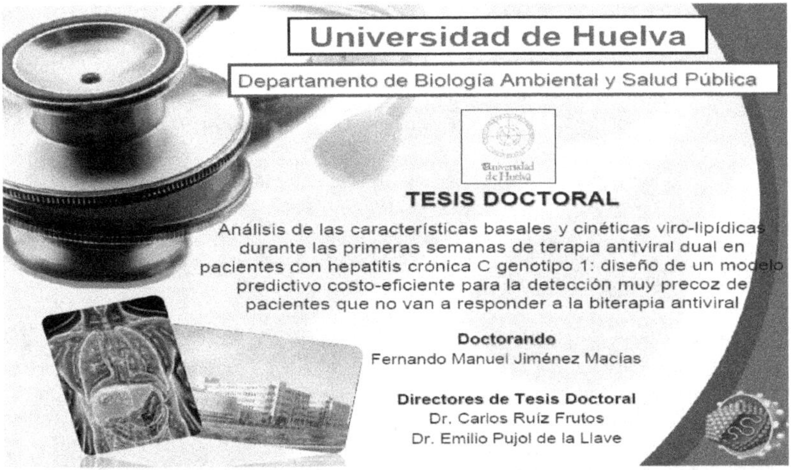

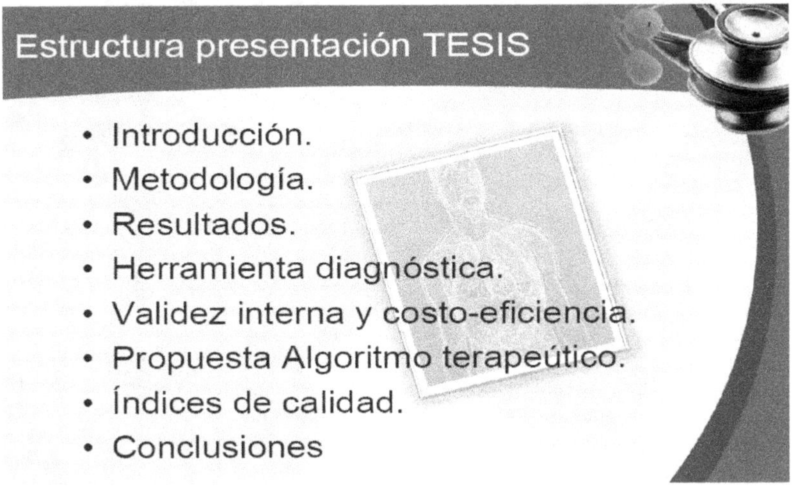

Introducción VHC genotipo 1 Naïve

- La evolución del tratamiento de la HCC-1 espectacular.
- Hasta el 2011: **biterapia** (única terapia antiviral).
- Aprobación **2011**: 1ª generación de IP (**Boceprevir o Telaprevir**).
- Incremento de eficicacia versus incremento costes, efectos 2º, interacciones, resistencias y mayor consumo EPO/Filgrastim.
- Ausencia herramientas diagnósticas que estratifiquen riesgo de fracaso terapeútico.
- Principales variables predictivas: **RVR** y **genotipo IL-28B**. Inconvenientes: valor predictivo negativo mejorable (60%).

Introducción

- Triple terapia **no aporta ningún beneficio** terapeútico frente a biterapia (F0-F3 + viremia baja + presencia RVR).
- **AETSA 2014** limitación terapias libre IFN (**Daclastavir + Sofosbuvir**).
- **Guía EASL 2014:** 6 nuevos regímenes antivirales.
- Aprobación **2014 (España)**: IP 2ª generación (**Simeprevir**).
- **Terapias libres de interferón**: política priorización indicaciones y restricción accesibilidad.
- **Fórmula de Lindahl:** ajuste dosis de Ribavirina según aclaramiento de creatinina.

Objetivos

- Diseño **herramienta diagnóstica** precoz y costo-eficiente, **elevado VPN**, basada en puntuaciones.
- Toma de decisiones **personalizada**: biterapia reducida o estándar.
- **Reglas de parada**: estratificación del riesgo de fracaso terapeútico.

  a) **Riesgo moderado de fracaso**: triple terapia 1° generación (Simeprevir / Daclastavir + biterapia).

  b) **Alto riesgo de fracaso terapeútico**: triple terapia 2ª generación (Simeprevir / Sofosbuvir + biterapia) o terapias libres IFN.
- Detección **variables** relacionadas con **concentraciones plasmáticas de Ribavirina** (monitorización).

Metodología

- Estudio prospectivo, randomizado, con enmascaramiento a doble ciego.
- Financiado por la Consejería Salud.
- Evaluados: 175 pacientes con HCC: Enero 2009-Junio 2012).
- Área Hospitalaria Juan Ramón Jiménez.
- Visitados 15 centros de salud y Centro Provincial Drogodependencias.

Metodología

- **Criterios inclusión y exclusión: 99 pacientes.**
- **Criterios inclusión**: HCC genotipo 1 naïve, sin LOEs hepáticas en ecografía ni descompensaciones previas. Biopsia hepática (escala METAVIR) y grado esteatosis.
- **Criterios de exclusión (72):** mujer gestante o lactancia. Tratamiento antiviral previo, diabetes mellitus, dislipemia, enfermedad cardiaca, insuficiencia renal, coinfección viral B o VIH, AVE, enfermedad psiquiátrica severa, patología eje hipotálamo-hipofisis-adrenal, genotipo VHC 2-6, anemia, leucopenia/neutropenia o plaquetopenia, no deseo de participar.

Metodología

- **Grupo A:**
  1ª dosis inducción IFN peg alfa-2a (360 mcg/sc): 50 pacientes.
- **Grupo B:**
  1ª dosis estándar IFN peg alfa-2a (180 mcg/sc): 49 pacientes.

  Ambos grupos (A y B): **Ribavirina** 1000 o 1200 mg/día, si peso corporal de < 75 kg o ≥ 75kg, respectivamente.
- **Epoetina alfa:** si Hb < 10 g/dl (14 pacientes).
- **Reducción de Ribavirina:** (23 pacientes)
- **Filgrastim:** si leuco/neutropenia (6 pacientes).

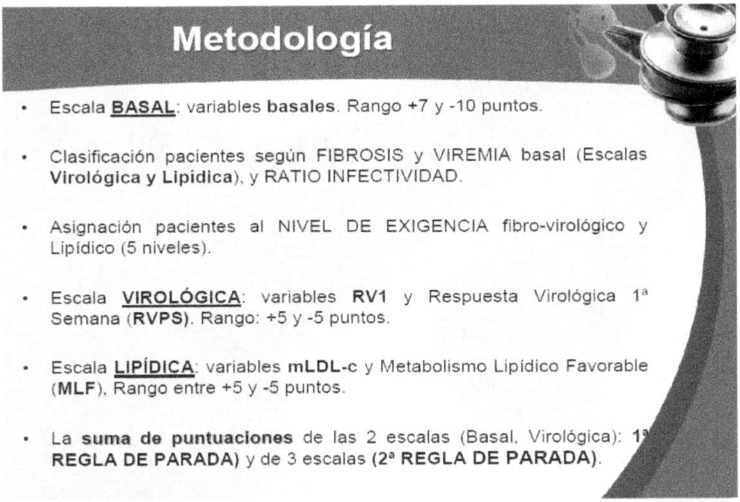
Metodología
Escala BASAL: variables basales. Rango +7 y -10 puntos.
Clasificación pacientes según FIBROSIS y VIREMIA basal (Escalas Virológica y Lipídica), y RATIO INFECTIVIDAD.
Asignación pacientes al NIVEL DE EXIGENCIA fibro-virológico y Lipídico (5 niveles).
Escala VIROLÓGICA: variables RV1 y Respuesta Virológica 1ª Semana (RVPS). Rango: +5 y -5 puntos.
Escala LIPÍDICA: variables mLDL-c y Metabolismo Lipídico Favorable (MLF). Rango entre +5 y -5 puntos.
La suma de puntuaciones de las 2 escalas (Basal, Virológica): 1ª REGLA DE PARADA) y de 3 escalas (2ª REGLA DE PARADA).

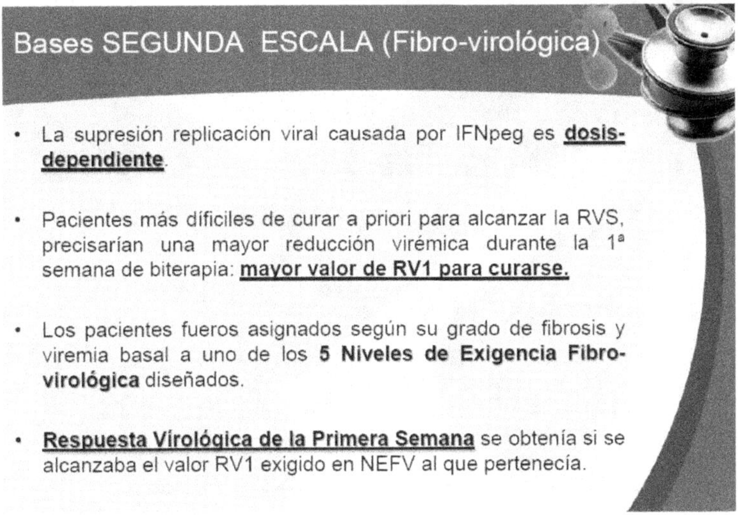
Bases SEGUNDA ESCALA (Fibro-virológica)
La supresión replicación viral causada por IFNpeg es dosis-dependiente.
Pacientes más difíciles de curar a priori para alcanzar la RVS, precisarían una mayor reducción virémica durante la 1ª semana de biterapia: mayor valor de RV1 para curarse.
Los pacientes fueros asignados según su grado de fibrosis y viremia basal a uno de los 5 Niveles de Exigencia Fibro-virológica diseñados.
Respuesta Virológica de la Primera Semana se obtenía si se alcanzaba el valor RV1 exigido en NEFV al que pertenecía.

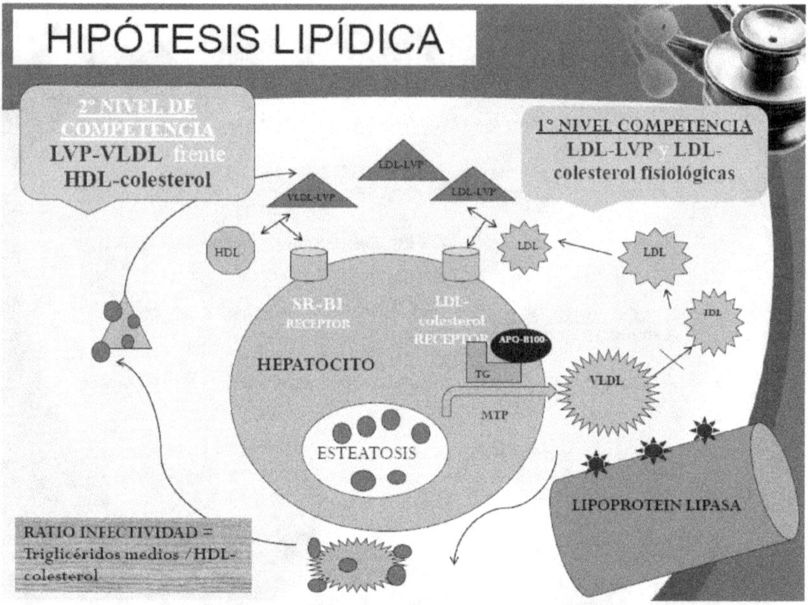

PUNTOS DE CORTE DE LAS VARIABLES

1. **<u>CURVAS ROC</u>** para cada variable de **la <u>ESCALA BASAL</u> (1°)** y **<u>ESCALA VIROLÓGICA</u> (2°):**

   * Maximizar el VALOR PREDICTIVO NEGATIVO del modelo (detectar sujetos que no van a curarse).

   * PUNTOS DE CORTE de 4 variables **basales** (ESCALA BASAL) y para **RV1** (ESCALA VIROLÓGICA):
   a) **Sensibilidad** ≥ 70% para **<u>detectar a los NO CURADOS</u>.**
   b) **Baja tasa de falsos positivos** (1-Especificidad < 20%).

2. **<u>CURVAS ROC</u>** para la **<u>3ª Escala (ESCALA LIPÍDICA):</u>**

   * Selección de PUNTOS DE CORTE de la variable **LDL-colesterol** y **Ratio de infectividad:**
   a) tasa de **verdaderos positivos** ≥ 85% para detectar CURADOS
   b) Tasa de **falsos positivos** máxima del 50%.

VARIABLES ANALIZADAS

Genotipado viral: Inno-LIPA HCV II (Immunogenetics NV, Ghent, Belgium).

RNA-VHC:

a) **8 determinaciones posibles:** *basal, 3º y 7º día* (Respuesta Virológica de la Primera Semana: RVPS), *1º mes* (RVR), 3º mes (RVP), 6º mes, 11º Mes (RVFT), 6 meses post-tto. (RVS).

b) **PCR** (Cobas Ampliprep/Cobas Taqman HCV test); c) **Límite de detección:** 15 UI/ml.

IP-10 plasmática basal: Kit Quantikine human CXCL10/IP-10 (RD system). Rango: 8-624 pg/ml.

Genotipado de la Interleucina 28b (SNP rs12979860): determinación alélica usando kit ABI Taqman mediante PCR (Roche Pharma) y Termociclador.

VARIABLES ANALIZADAS

HOMA-IR basal: Insulina ayunas (mcU/ml) * glucosa ayunas (mmol/l)/ 22,5. Rango insulina: 0,2-1000 mcU/ml.

- **Cortisol plasmático basal:** Insulina y cortisol: determinados por quimioelectroiluminiscencia (Módulo Elecsys E170, Roche, Basil, Suiza). Rango cortisol: 0,018-63,4 mcg/dl.
- **Aclaramiento creatinina** (ml/hora): Sociedad E. de Nefrología.
- **Concentraciones plasmáticas Ribavirina (1º mes biterapia):** Técnica de HPLC (Cromatografía Liquida High performance). Método validado por la EMEA(CPMP/ICH/281/95). Rango 0,05-5,0 ng/mcl. Sistema Merck-Hitachi LaChrom (Tokyo, Japan). Muestras enviadas al Laboratorio de Biología Molecular Hospital Carlos III (Madrid).
- **Ratio de infectividad**: cociente concentraciones plasmáticas medias de triglicéridos (1º mes terapia) y de HDL-colesterol (1º mes).

ACLARAMIENTO CREATININA

PUNTO DE CORTE (ml/hora)	Sensibilidad NO CURACIÓN	1-Especificidad	AUROC (P –value)
≤ 115,9	0,22	0,36	
116-139	0,55	0,25	0,71 (p<0,0001)
≥ 140	0,70	0,11	

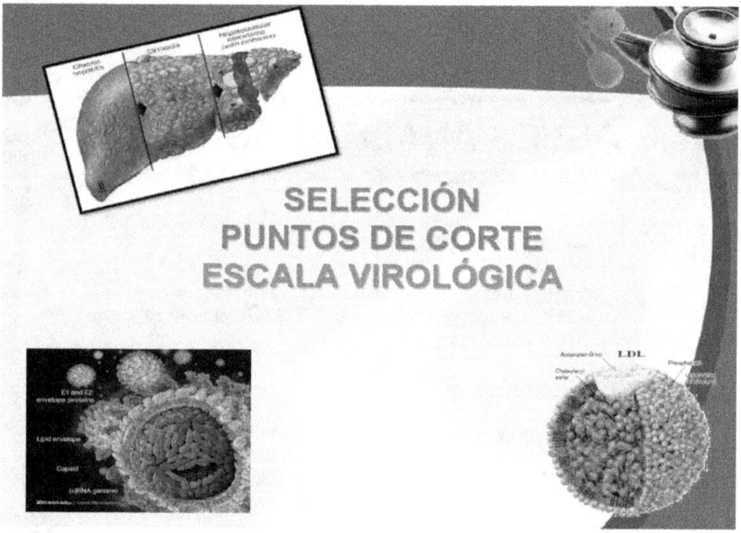

CURVAS COR DE ESCALA VIROLÓGICA

NIVELES FIBRO-VIROLÓGICO	AUROC	Valor P	Punto corte RV1 (log_{10})	SENS/ 1-ESP Detección Ausencia RVS	CURADO versus NO CURADO
NEFV 5	1,00	0,134	2,5	0,9 / 0,0	1 / 6
NEFV 4	0,84	0,010	1,4	0,70 / 0,10	10 / 10
NEFV 3	0,935	0,000	1,2	0,87 /0,16	19 / 24
NEFV 2	0,85	0,017	0,80	0,71 / 0,10	10 / 7
NEFV 1			0,50		12 / 0

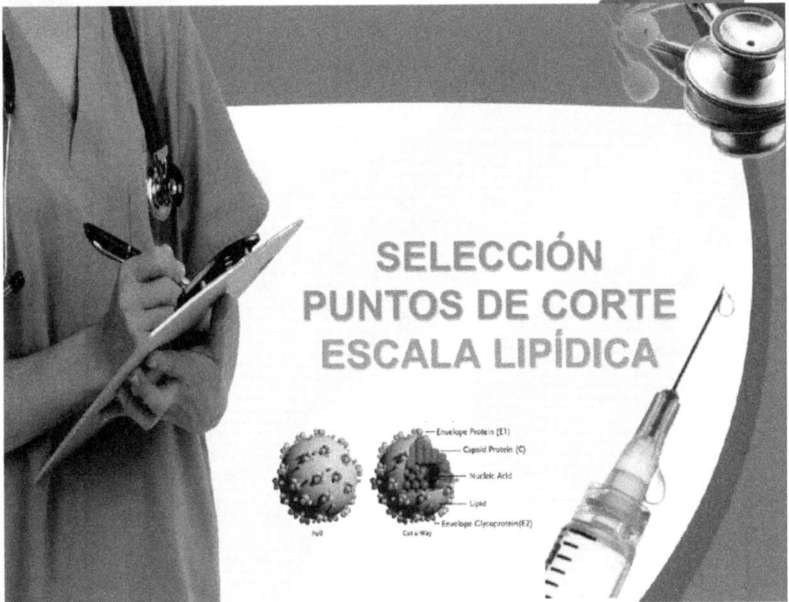

ESCALA LIPÍDICA

NIVELES EXIGENCIA LIPÍDICA	AUROC	Valor P	Punto corte LDL-c (mg/dl)	SENS./ 1-ESP. Detección Presencia RVS	CURADO versus NO CURADO
NEL 5	0,94	0,01	110	1,0 / 0,06	6 / 14
NEL 4	0,94	0,01	105	1,0 / 0,06	3 / 17
NEL 3	0,73	0,017	85	0,85 / 0,50	13 / 30
NEL 2	0,70	0,05	65	0,95 / 0,78	20 / 14
NEL 1			45		12 / 0

ANÁLISIS REGRESIÓN LOGÍSTICA MULTIVARIANTE

ESCALA LIPÍDICA: Presencia de METABOLISMO LIPÍDICO FAVORABLE o DESFAVORABLE

PUNTUACIONES DE LAS ESCALAS (BASAL , VIROLÓGICA Y LIPÍDICA

ESCALA PREDICTIVA	CURADOS Media ± DS	NO RVS Media ± DS	95 % IC	Valor P	NULO	PARCIAL	RECIDIVANTE
ESCALA BASAL Sensibilidad 90,2% Especificidad 79,2% Valor predictivo positivo 82,1% Valor predictivo negativo 88,3%	3,5 ± 2,9	(-3,3 ± 2,9)	2,1 (1,6-2,9)	<0,0001	(-4,8 ± 3,7)	(-2,5 ± 2,4)	(-2,9 ± 3,3)
ESCALA VIROLÓGICA Sensibilidad 91,7% Especificidad 94,1% Valor predictivo positivo 92,3% Valor predictivo negativo 93,6%	7,7 ± 3,7	(-6,2 ± 4,9)	1,6 (1,3-1,9)	< 0,0001	(-8,3 ± 3,6)	(-5,4 ± 5,1)	(-6,1 ± 6,2)
ESCALA LIPÍDICA Sensibilidad 92,2% Especificidad 95,8% Valor predictivo positivo 95,9% Valor predictivo negativo 92%	10,4 ± 4,7	(-7,0 ± 6,0)	1,9 (1,3-2,9)	<0,0001	(-12,6 ± 5,5)	(-4,6 ± 4,9)	(-6,5 ± 6,6)

_* *NO CIRROSIS (F0-F3) + RATIO INFECTIVIDAD BAJO (RI < 3,2) + CVB <100000 UI/ml)*

A) Si el valor medio de LDL-c (1º mes de terapia): **(mLDL-c ≥ 45 mg/dl)**.........(+ 2 puntos): **MLF**
B) Si el valor medio de LDL-c (1º mes de terapia): **(mLDL-c < 45 mg/dl)**.........(- 2 puntos): MLD

En la diapositiva previa habrá observado que por llevar animación, se superponen gráficas con tablas.

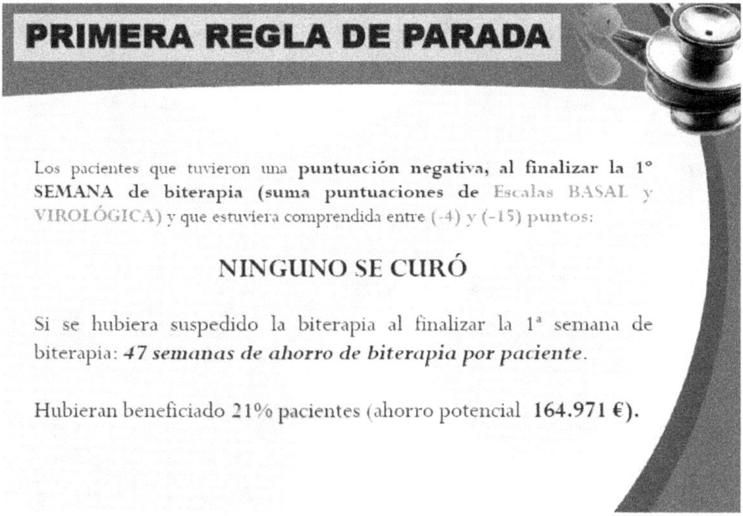
PRIMERA REGLA DE PARADA
Los pacientes que tuvieron una puntuación negativa, al finalizar la 1° SEMANA de biterapia (suma puntuaciones de Escalas BASAL y VIROLÓGICA) y que estuviera comprendida entre (-4) y (-15) puntos:
NINGUNO SE CURÓ
Si se hubiera suspedido la biterapia al finalizar la 1ª semana de biterapia: 47 semanas de ahorro de biterapia por paciente.
Hubieran beneficiado 21% pacientes (ahorro potencial 164.971 €).

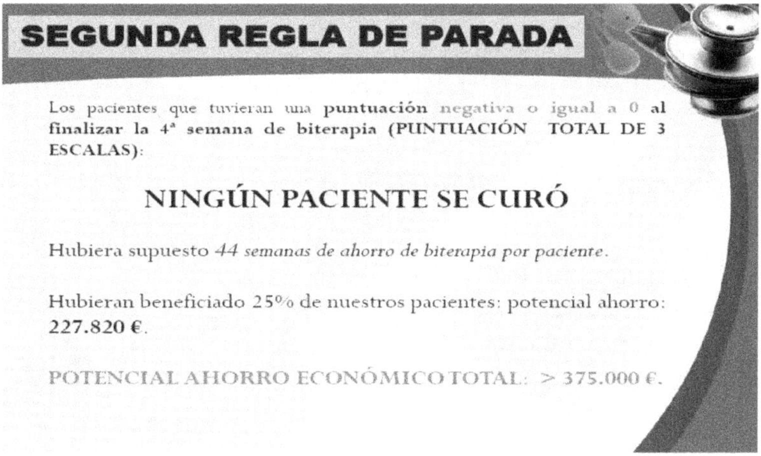
SEGUNDA REGLA DE PARADA
Los pacientes que tuvieran una puntuación negativa o igual a 0 al finalizar la 4ª semana de biterapia (PUNTUACIÓN TOTAL DE 3 ESCALAS):
NINGÚN PACIENTE SE CURÓ
Hubiera supuesto 44 semanas de ahorro de biterapia por paciente.
Hubieran beneficiado 25% de nuestros pacientes: potencial ahorro: 227.820 €.
POTENCIAL AHORRO ECONÓMICO TOTAL: > 375.000 €.

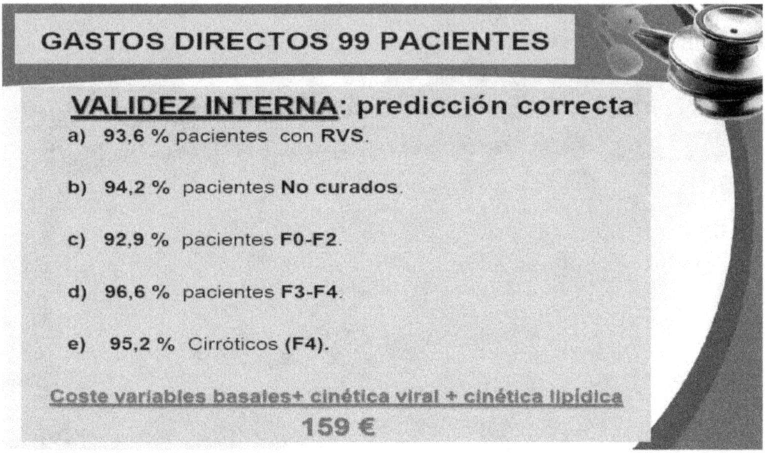
GASTOS DIRECTOS 99 PACIENTES
VALIDEZ INTERNA: predicción correcta
a) 93,6 % pacientes con RVS.
b) 94,2 % pacientes No curados.
c) 92,9 % pacientes F0-F2.
d) 96,6 % pacientes F3-F4.
e) 95,2 % Cirróticos (F4).
Coste variables basales+ cinética viral + cinética lipídica
159 €

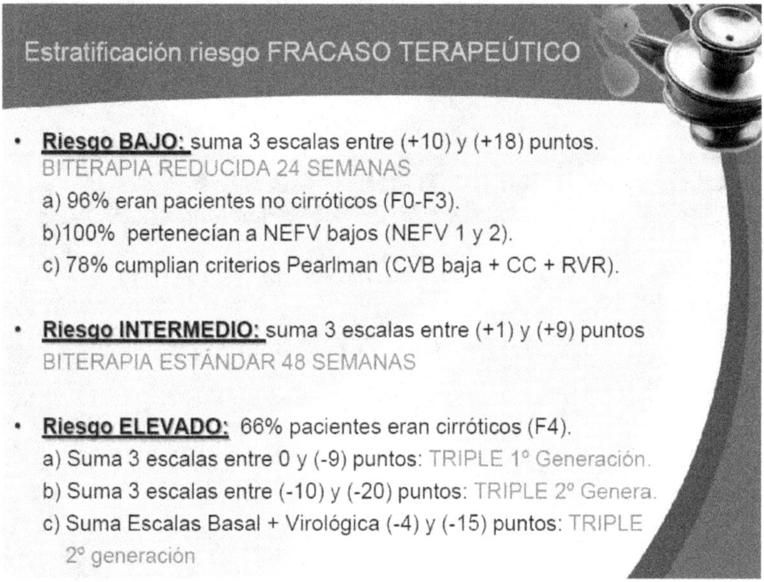
Estratificación riesgo FRACASO TERAPEÚTICO
Riesgo BAJO: suma 3 escalas entre (+10) y (+18) puntos.
BITERAPIA REDUCIDA 24 SEMANAS
a) 96% eran pacientes no cirróticos (F0-F3).
b)100% pertenecían a NEFV bajos (NEFV 1 y 2).
c) 78% cumplian criterios Pearlman (CVB baja + CC + RVR).
Riesgo INTERMEDIO: suma 3 escalas entre (+1) y (+9) puntos
BITERAPIA ESTÁNDAR 48 SEMANAS
Riesgo ELEVADO: 66% pacientes eran cirróticos (F4).
a) Suma 3 escalas entre 0 y (-9) puntos: TRIPLE 1º Generación.
b) Suma 3 escalas entre (-10) y (-20) puntos: TRIPLE 2º Genera.
c) Suma Escalas Basal + Virológica (-4) y (-15) puntos: TRIPLE 2º generación

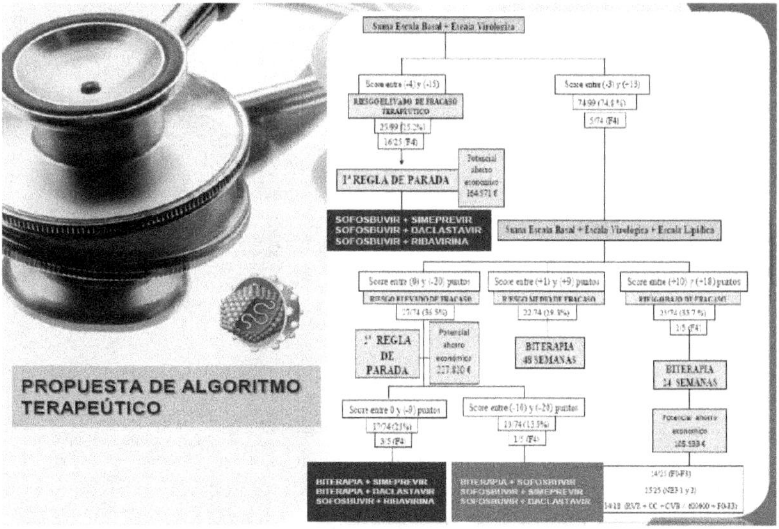
PROPUESTA DE ALGORITMO TERAPEÚTICO
Suma Escala Basal + Escala Virológica
Score entre (-4) y (-15)
RIESGO ELEVADO DE FRACASO TERAPÉUTICO
25/99 (25.2%)
16/25 (F4)
1ª REGLA DE PARADA
Potencial ahorro económico 164.571 €
SOFOSBUVIR + SIMEPREVIR
SOFOSBUVIR + DACLASTAVIR
SOFOSBUVIR + RIBAVIRINA
Score entre (-3) y (+13)
5/74 (F4)
Suma Escala Basal + Escala Virológica + Escala Lipídica
Score entre (0) y (-20) puntos
Score entre (+1) y (+9) puntos
Score entre (+10) y (+18) puntos
BITERAPIA 48 SEMANAS
BITERAPIA 24 SEMANAS
Potencial ahorro económico
Score entre 0 y (-9) puntos
3/5 (F4)
Score entre (-10) y (-20) puntos
1/5 (F4)
BITERAPIA + SIMEPREVIR
BITERAPIA + DACLASTAVIR
SOFOSBUVIR + RIBAVIRINA
BITERAPIA + SOFOSBUVIR
SOFOSBUVIR + SIMEPREVIR
SOFOSBUVIR + DACLASTAVIR
14/25 (F0-F3)

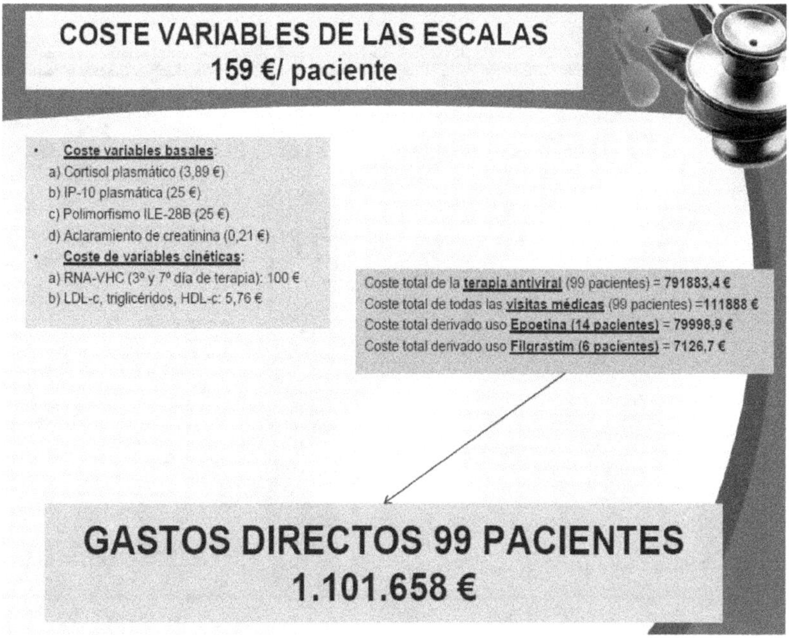
COSTE VARIABLES DE LAS ESCALAS
159 €/ paciente
Coste variables basales:
a) Cortisol plasmático (3,89 €)
b) IP-10 plasmática (25 €)
c) Polimorfismo ILE-28B (25 €)
d) Aclaramiento de creatinina (0,21 €)
Coste de variables cinéticas:
a) RNA-VHC (3º y 7º día de terapia): 100 €
b) LDL-c, triglicéridos, HDL-c: 5,76 €
Coste total de la terapia antiviral (99 pacientes) = 791883,4 €
Coste total de todas las visitas médicas (99 pacientes) =111888 €
Coste total derivado uso Epoetina (14 pacientes) = 79998,9 €
Coste total derivado uso Filgrastim (6 pacientes) = 7126,7 €
GASTOS DIRECTOS 99 PACIENTES
1.101.658 €

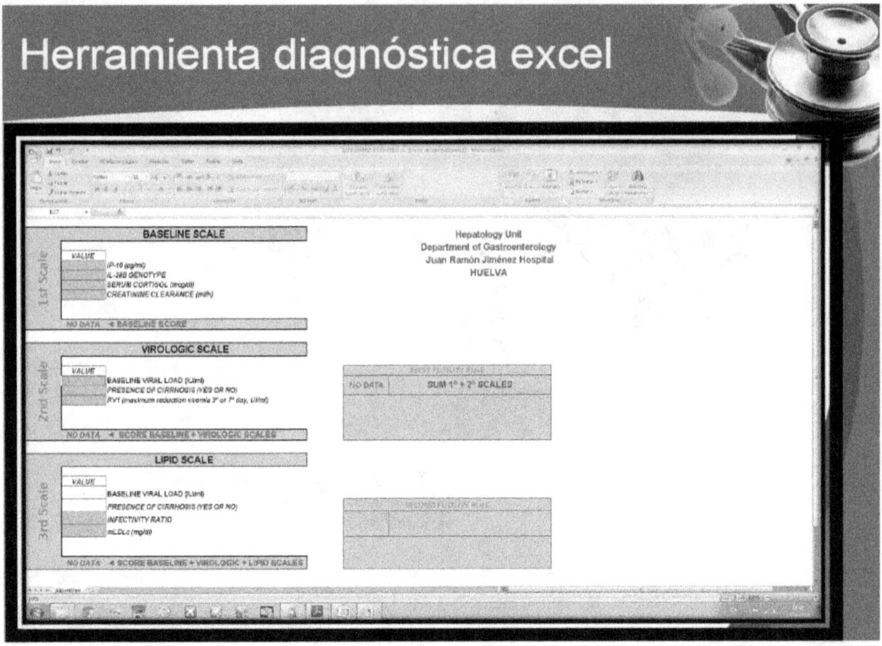
Herramienta diagnóstica excel
BASELINE SCALE
1st Scale
VALUE
Hepatology Unit
Department of Gastroenterology
Juan Ramón Jiménez Hospital
HUELVA
VIROLOGIC SCALE
2nd Scale
BASELINE VIRAL LOAD (IU/ml)
PRESENCE OF CIRRHOSIS (YES OR NO)
LIPID SCALE
3rd Scale
INFECTIVITY RATIO
NO DATA

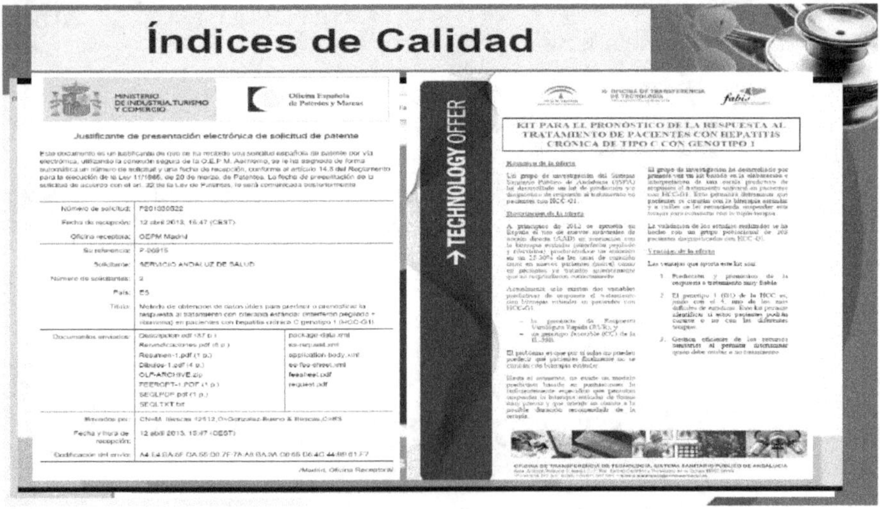
Índices de Calidad
MINISTERIO DE INDUSTRIA, TURISMO Y COMERCIO
Oficina Española de Patentes y Marcas
Justificante de presentación electrónica de solicitud de patente
TECHNOLOGY OFFER
KIT PARA EL PRONÓSTICO DE LA RESPUESTA AL TRATAMIENTO DE PACIENTES CON HEPATITIS CRÓNICA DE TIPO C CON GENOTIPO 1

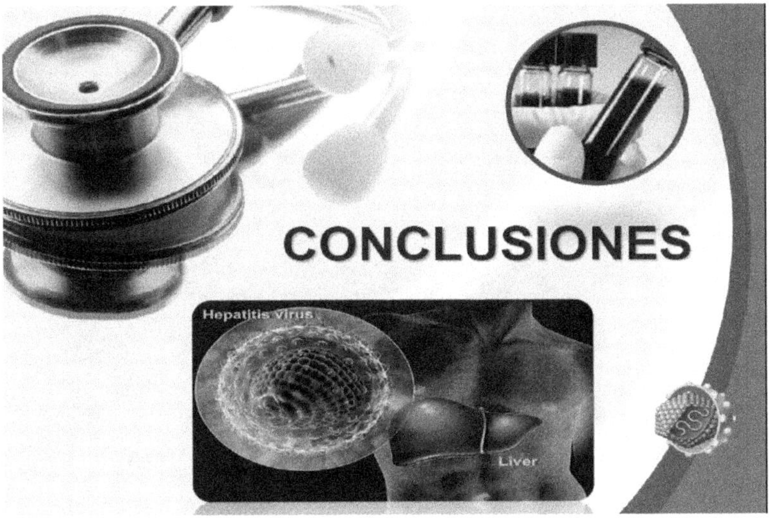

Te llamará la atención como en mi caso no incluyé el listado de mis conclusiones- Esto se debe a que realicé la lectura de las conclusiones de mi tesis directamente del ejemplar de mi tesis doctoral.

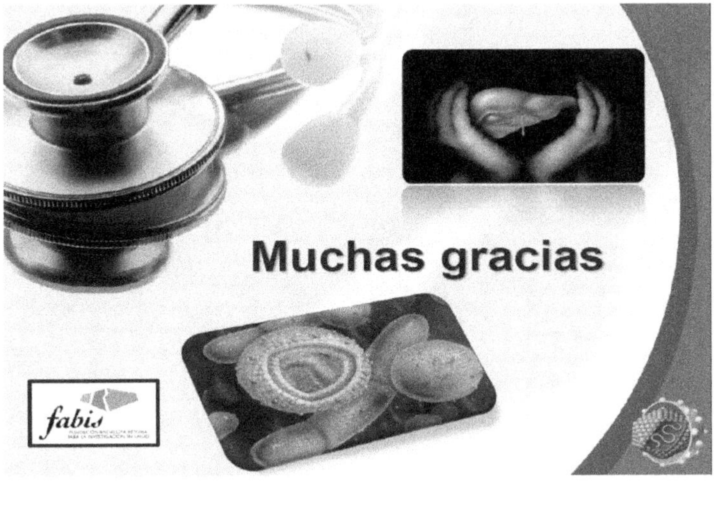

Capítulo 10: Consejos para una defensa adecuada

Lo primero tranquilo, no creas ninguno del tribunal va a saber más que tú, pues se trata de un estudio al que le has dedicado muchas horas, y cualquier aspecto lo vas a conocer. Lo más importante que es cuando ya tengas el ejemplar encuadernado y finiquitado para defenderlo y esté ya depositado en la universidad, pues comiences a preparar tranquilamente tu defensa.

Probablemente queden al menos 2 meses para su futura presentación. Tus directores de tesis estarán preparando todo para que te salga todo bien y hayan ya seleccionado los mejores componentes del tribunal para que todo salga bien. Lo ideal es que sean de diferentes provincias para dar solemnidad a tu tesis y gente con experiencia en este tipo de actos, de forma que no será la primera vez que participen por regla general.

La presentación debe ajustarse, muy importante, al tiempo que dispongas, generalmente suele ser de 30 minutos la exposición, incluida la lectura de las conclusiones. Por ello, debes preparar un número de diapositivas ajustada al tiempo que tengas.

Por supuesto, el contenido de las diapositivas debe ajustarse a ello y ayudarte como guión, pero en ningún caso para que simplemente leas. Tienes que desarrollar cada punto destacado de cada diapositiva, donde se vea que claramente dominas tu exposición.

Debes de hacer una presentación clara, concisa, y con exposición tránquila y serena, en el que controles los nervios internos que tengas. Notarás que conforme vas haciendo tu exposición y van pasando diapositivas te vas sintiendo mejor. Eso es bueno. Mira alguna vez el reloj en mitad de la exposición para ver que no te estás quedando demasiado retrasado, con objeto de que aligeres si te ocurriera.

Te recomiendo este inicio, tras el presidente del tribunal, haber realizado la presentación del inicio de la defensa de tu tesis. Así comenzarás diciendo: "Buenos días. Muchas gracias. Con la avenia del tribunal doy comienzo a la defensa de la tesis doctoral que tiene por título "..........", dices el título de tu tesis, " y que ha sido dirigida por el/los directores de tesis Dr/Dres…".

A partir de ahí ya podrás hacer tu exposición siguiendo la estructura de la presentación que tiene de la tesis en power-point.

Es muy importante que en la mayoría de las diapositivas tengas como mucho 5-6 puntos como mucho, redactados de forma breve y que sólo te sirvan de guión orientativo para desarrollar dicho punto con tus cualidades dialécticas en mayor o menor medida. No abuses de la animación, pues te agotarán más el tiempo. Usalo de forma cautelosa para sacarle el máximo partido en algunas diapositivas.

Cuando inicies apartados ponlos en diapositivas separadas para que situen al tribunal en cada apartado. Tienes que facilitar tu exposición y que su entendimiento sea el máximo posible.

Las conclusiones es fundamental que te las memorices divinamente pues cuando las estes leyendo literalmente de la tesis, como tradicionalmente se realizado, tendrás que hacerlo con mirada intercaladas a los miembros del tribunal, tal como realizan los periodistas del telediario, que van mirando a la cámara y ocasionalmente miran al texto que tienen en su mesa. Tienes que leerlas con tranquilidad y serenidad, pero al mismo tiempo, que generen convicción en los diferentes miembros del tribunal.

Al final de tu presentación vendrán las diferentes preguntas. Tras esto deliberará el tribunal de forma privada, teniendo que salirte de la sala de defensa de tu tesis. Y finalmente procederán a comunicarte si has superado la prueba y tu calificación, que tras la lectura de este manuscrito, espero que te lleve a un sobresaliente CUM LAUDEM.

Capítulo 11: Encuadernación ejemplares

Es muy importante que busques una copistería o imprenta que tenga experiencia en la encuadernación de lo que será el manuscrito definitivo de tu tesis doctoral. Esto es algo que están acostumbrados a hacer y te facilitarán todos los preparativos posible para que quede de la mejor forma.

Tu situación económica puede condicionar el tipo de encuadernación que vayas a elegir. Generalmente se opta por dos opciones, una más económica que puede estar en torno a 25-30 € por ejemplar, que suele ser de pasta más blanda y que puede ser una buena opción para que sea el ejemplar de depósito para la universidad que es el que se realiza, una vez que se pagan los derecho de examen en la universidad.

Otra opción más cara, es la elección de un ejemplar de pasta dura, de color generalmente marrón oscuro o verdoso, que tiene una portada con letras de serigrafía que hay que pagar más y te hace más caro el ejemplar. Este puede salir entre 45-60 € cada ejemplar. Recuerda que generalmente vas a tener que solicitar un ejemplar para ti como doctorando, un ejemplar para cada director de tesis que tenga, 3 ejemplares para cada uno de los miembros del tribunal (presidente, secretario y vocal), además del que dejaste para el depósito en la universidad. Esto te generará un coste importante que tendrás que preparar.

Es muy importante que hagas llegar con al menos 1 mes de antelación cada ejemplar a cada miembro del tribunal, para permitirle valorar tu manuscrito y poderte hacer las preguntas en base a un buen conocimiento de tu tesis.

Generalmente tu director de tesis se la va hacer normalmente llegar por correo electrónico en formato pdf que tendrás que facilitársela para que pueda valorarla incluso con mayor antelación al ejemplar físico que tendrás que hacérselo llegar por mensajería normalmente.

Es un aspecto que tu director de tesis te irá asesorando para que te ciñas a unos tiempos correctos. Estaría muy mal hacer llegar estos ejemplares con días antes de que la presentes.

Capítulo 12: Defensa frente a preguntas

Tránquilo en cuanto a las posibles preguntas que te puedan realizar después de la exposición que hayas hecho. Es un matiz que tendrás que reflexionar con tus directores sobre potenciales preguntas que te puedan realizar sobre tu trabajo. Tienes que entender que los diferentes componentes del tribunal tienen mucha experiencia en estos actos y tienes que saber que al menos cada uno de ellos, te puede hacer en torno a 1-2 preguntas como mínimo sobre aspectos concretos.

Debes ser humilde en tus contestaciones. Reconocer que es perfectamente mejorable algunos puntos de tu trabajo, pero que a ti te ha sido muy útil pues te ha permitido conocer mucho mejor la metodología de la investigación, te ha permitido conocer nuevas personas, probablemente te permita abrir nuevas puertas en tu trayectoria investigadora futura e incluso poder dedicarte a la docencia en un futuro en la universidad, además de poder aspirar a nuevos proyectos de investigación post-doctorales que te podrían interesar.

Es importante que destaques el tiempo que has privado de estar con tu familia al tener que dedicar muchas horas enfrente de un ordenador o dedicándola al proyecto.

Las preguntas generalmente te vas a defender bien. Contesta siempre dirigiéndote de usted, con respeto. No lleves nunca la contraria y discutas con un miembro del tribunal. Eso te condenaría.

Puedes argumentar lo justo y necesario que consideres, pero siempre siendo consciente de cual es tu posición la de doctorando aspirante a ser un doctor como cada uno de los miembros de un tribunal.

Reflexiona sobre la potencial aplicación de tu proyecto a la práctica clínica o vida real, las posibles limitaciones y que cosas harías mejor si hubiera planteado el estudio. No dejes demasiadas cosas o aspectos a la improvisación. Confia en ti mismo y se cauteloso en tus respuestas.

Apéndice: 2ª Parte de tesis doctoral

Universidad de Huelva

Departamento de Biología Ambiental y Salud Pública

Universidad de Huelva

Análisis de las características basales y cinéticas viro-lipídicas durante las primeras semanas de terapia antiviral dual en pacientes con hepatitis crónica C genotipo 1: diseño de un modelo predictivo costo-eficiente para la detección muy precoz de pacientes que no van a responder a la biterapia antiviral

Memoria para optar al grado de doctor
presentada por:

Fernando Manuel Jiménez Macías

Fecha de lectura: Septiembre de 2014

Bajo la dirección de los doctores:

Carlos Ruíz Frutos
Emilio Pujol de la Llave

Huelva, 2014

Tesis Doctoral

Análisis de las características basales y cinéticas viro-lipídicas durante las primeras semanas de terapia antiviral dual en pacientes con hepatitis crónica C genotipo 1: diseño de un modelo predictivo costo-eficiente para la detección muy precoz de pacientes que no van a responder a la biterapia antiviral

DEPARTAMENTO DE BIOLOGÍA AMBIENTAL Y SALUD PÚBLICA

Fernando Manuel Jiménez Macías

2014

Universidad de Huelva

Universidad de Huelva

FACULTAD DE CIENCIAS EXPERIMENTALES

DEPARTAMENTO DE BIOLOGÍA AMBIENTAL

Y SALUD PÚBLICA

UNIVERSIDAD DE HUELVA

TESIS DOCTORAL

Análisis de las características basales y cinéticas viro-lipídicas durante las primeras semanas de terapia antiviral dual en pacientes con hepatitis crónica C genotipo 1: diseño de un modelo predictivo costo-eficiente para la detección muy precoz de pacientes que no van a responder a la biterapia antiviral

Fernando Manuel Jiménez Macías

Septiembre 2014

TESIS DOCTORAL

Facultad de Ciencias Experimentales

Departamento de Biología Ambiental

Y Salud Pública

ANÁLISIS DE LAS CARACTERÍSTICAS BASALES Y CINÉTICAS VIRO-LIPÍDICAS DURANTE LAS PRIMERAS SEMANAS DE TERAPIA ANTIVIRAL DUAL EN PACIENTES CON HEPATITIS CRÓNICA C GENOTIPO 1: DISEÑO DE UN MODELO PREDICTIVO COSTO-EFICIENTE PARA LA DETECCIÓN MUY PRECOZ DE PACIENTES QUE NO VAN A RESPONDER A LA BITERAPIA ANTIVIRAL

Universidad de Huelva

Autor: **Fernando Manuel Jiménez Macías**

Directores:

- **Carlos Ruíz Frutos.**
  Profesor y Director del Departamento de Biología Ambiental y Salud Pública.
  Facultad de Ciencias Experimentales. Universidad de Huelva.
- **Emilio Pujol de la Llave.**
  Jefe de Servicio de Medicina Interna.
  Área Hospitalaria Juan Ramón Jiménez. Huelva

Septiembre 2014

Agradadecimientos

A mis directores, Carlos y Emilio, por todo lo que me enseñaron, gracias a su asesoramiento incondicional, que llevaré siempre conmigo.

A Manuel Ramos, como compañero y amigo, con el que compartí el día a día de este proyecto de investigación.

A Luís y Fátima, que de forma desinteresada coordinaron la logística de laboratorio, haciendo una realidad este proyecto.

A mis compañeros, a los médicos de familia de los centros de salud participantes, por su apoyo y colaboración.

Al personal de Fabis por fomentar y hacer más cercana una investigación de calidad a clínicos como yo.

Al personal de enfermería y auxiliar, con el que he compartido momentos que no olvidaré.

Especial agradecimiento a mi mujer Isabel María, a mis hijos Fernando e Isabel, por su incondicional apoyo, comprensión y espera a un padre y marido que ha dedicado tantas horas frente a un ordenador para hacer realidad este proyecto, prometiéndoles recompensarles en un futuro.

A mis padres, por su cariño infinito y estar siempre a mi lado cuando les necesité.

ÍNDICE DE CONTENIDOS

CAPÍTULO VI

RESULTADOS

6.1. CARACTERÍSTICAS CLÍNICAS BASALES.

En la tabla 3 se muestra la distribución de las diferentes variables basales en función de que el paciente recibiera una 1ª dosis de inducción o estándar. Las tasas de genotipo desfavorable ILE-28B fueron del 60,6 % (60/99): CT (50,6 %) y TT (10 %), mientras que CC (39,4 %). El porcentaje de cirróticos fue del 21,2% (21/99) y de fibrosis significativa (F3-F4): 29/99 (29,3%).

Basalmente los pacientes con genotipo CC tenían mayor grado de inflamación METAVIR (A2-A3) que los genotipos desfavorables (CT o TT): 25/39 (64,1 %) frente a 23/60 (38,3%), OR 1,6, IC 95% (1,1-2,5); p = 0,012, mientras que estos últimos tuvieron una mayor tasa de esteatosis hepática, así como mayor grado de severidad de la misma: 39/60 (65%) frente a 13/39 (33,3%): OR 0,3; IC 95 % (0,1-0,6); p = 0,003 .

Los sujetos con genotipo favorable (IL-28-CC) tuvieron valores basales medios menores de IP-10 que en genotipos desfavorables: 296 ± 140 pg/ml frente a 387 ± 182 pg/ml; OR 0,85, IC al 95% (0,8-0,9); p = 0,013. En la tabla 3 se pueden valorar las características basales de los pacientes, dependiendo de que recibieran la dosis de inducción o no.

Tabla 3. Características basales de los pacientes según recibiera dosis de inducción o no

	TOTAL (N=99)	DOSIS INDUCCIÓN (N=50)	DOSIS ESTANDAR (N=49)	Valor de P
EDAD (años)	44 ± 9	45 ± 9	44 ± 9	0.620
SEXO varón (n, %)	67 (67.7)	38 (76)	29 (59)	0.530
Índice de Masa Corporal (kilogramos/metro ^{2})	27 ± 5	28 ± 6	25 ± 4	0.060
Aclaramiento creatinina (mililitro/hora)	121 ± 31	126 ± 35	115 ± 25	0.100
HOMA-IR	3.6 ± 3.3	3.4 ± 3.2	3.0 ± 2.9	0.240
IP-10 (picogramos/mililitro)	351 ± 172	376 ±173	321 ± 168	0.890
Genotipo IL-28B (CT/TT) (n, %)	60 (60.6)	32 (64)	28 (57)	0.760
Carga viral basal (Logaritmo decimal UI/ml)	5.9 ± 0.8	5.9 ± 0.8	5.8 ± 0.8	0.720
METAVIR A2-A3 (n, %)	48 (48.5)	28 (56)	20 (41)	0.125
Esteatosis hepática (n / %)	52 (52.5)	19 (38)	33 (67)	0.071
Esteatosis moderada-severa (n, %)	23 (23.2)	13 (26)	10 (20)	0.170
METAVIR F3-F4 (n, %)	29 (29.3)	14 (28)	15 (30)	0.420
Cirrosis hepática (n, %)	21 (21.2)	9 (18)	12 (24)	0.230
Colesterol total (mg/dl)	180 ± 33	180 ± 35	179 ± 35	0.823
LDL-colesterol (mg/dl)	107 ± 30	109 ± 30	104 ± 30	0.368
HDL-colesterol (mg/dl)	55 ± 18	54 ± 18	56 ± 19	0.622
Triglicéridos (mg/dl)	88 ± 33	88 ± 25	90 ± 41	0.769

Variables categóricas expresadas en n (valor numérico) y % (porcentaje). Variables cuantitativas expresadas como media y desviación estándar.

HOMA-IR (Homeostasis Model of Assessment - Insulin Resistance), IL-28B (polimorfismo genético de la Interleucina 28b), UI/ml (unidades internacionales / mililitro), CT (genotipo de la IL-28b CT), TT (genotipo de la IL-28b TT).

En la tabla 4 se muestra la distribución de las variables basales o pretratamiento y su relación con el genotipo de la IL-28B, destacando aquellas variables estadísticamente significativas. Los sujetos con genotipo favorable (IL-28-CC) tuvieron valores basales de IP-10 inferiores, mientras que las concentraciones basales de LDL-colesterol e índice de aterogénico (cociente entre colesterol total y HDL-colesterol basales) se encontraron más elevados que en aquellos que portaban un genotipo desfavorable (CT/TT) de forma estadísticamente significativa.

Tabla 4. Características Basales, según genotipo de la Interleucina 28b

	GLOBAL (n=99)	GENOTIPO IL-28B (CC) (n=39)	GENOTIPO IL-28B (CT/TT) (n=60)	Odds Ratio (OR)	IC 95%	Valor P
Edad media DE, años	45 (9)	46 (8)	44 (10)	-	-	0,282
Sexo Varón, n (%)	67 (67,7 %)	30 (76,9 %)	37 (61,7 %)	-	-	0,113
IMC, media (DE), (Kg/m²)	27 (5)	27 (5)	26 (5)	-	-	0,310
Fibrosis F3-F4, n (%)	29 (29,3 %)	10 (25,6 %)	19 (31,7 %)	-	-	0,520
Cirrosis (F4), n (%)	21 (21,2 %)	7 (17,9 %)	14 (23,3 %)	-	-	0,522
CVB, media (DE), Log_{10}	5,9 (0,8)	6,0 (0,9)	5,8 (0,7)	-	-	0,286
Metavir A2-A3, n (%)	48 (48,5 %)	25 (64,1 %)	23 (38,3 %)	1,6	1,1-2,5	0,012
Esteatosis hepática, n (%)	52 (52,5 %)	13 (33,3 %)	39 (65 %)	0,3	0,1-0,6	0,003
Esteatosis hepática Moderada-severa, n (%)	23 (23,2 %)	5 (12,8 %)	18 (30 %)	0,4	0,2-0,8	0,006
Genotipo viral 1b, n (%)	43 (43,4 %)	14 (35,9 %)	29 (48,3 %)	-	-	0,413
IP-10 basal, media (DE), pg/ml	351 (173)	296 (140)	387 (182)	0,85	0,8-0,9	0,013
HOMA-IR, media (DE)	3,3 (3,2)	3,1 (2,6)	3,5 (3,3)	-	-	0,559
Colesterol total, media(DE),mg/dl	180 (30)	186 (34)	176 (30)	-	-	0,152
LDL-colesterol, media (DE),mg/dl	107 (29)	118 (30)	101 (28)	1,1	1,0-1,2	0,006
Triglicéridos, media (DE), mg/dl	89 (33)	82 (24)	94 (37)	-	-	0,070
HDL-colesterol, media (DE), mg/dl	55 (18)	52 (18)	57 (19)	-	-	0,167
IA, media (DE)	3,5 (1,1)	3,8 (1,1)	3,3 (1,1)	1,5	1,0-2,3	0,022

Variables categóricas expresadas en n (valor numérico) y % (porcentaje). Variables cuantitativas expresadas como media y desviación estándar (DE). IC 95% (intervalo de confianza al 95%), sólo para variables estadísticamente significativas. OR (Odds Ratio), sólo para variables estadísticamente significativas.

Abreviaturas: IMC (índice de masa corporal), CVB (carga viral basal), Log_{10} (logaritmo decimal), pg/ml (picogramo/mililitro), IA (índice de aterogenicidad), HOMA-IR (Homeostasis Model of Assessment - Insulin Resistance), mg/dl (miligramo/decilitro), LDL (lipoproteína de baja densidad), IL-28B (polimorfismo genético de la Interleucina 28b).

6.2. PERIODO DE SEGUIMIENTO

Los 99 pacientes incluidos en el estudio fueron tratados, dependiendo del grupo al que fuera asignado de forma aleatoria, con una dosis de inducción (n=50) frente a una dosis estándar (n=49) de inteferón pegilado alfa-2a.

Tuvimos una tasa de RVR de un 39% y a los 3 meses, la tasa de respondedores nulos fue del 7.1%. Los pacientes que conseguían una reducción virémica de al menos 2 log_{10} UI/ml, haciéndose indetectable el virus al 3° mes continuaban la terapia antiviral hasta las 48 semanas (tasa de respuesta virológica precoz completa fue del 74.7%).

A los 6 meses de tratamiento antiviral, los pacientes con viremia detectable eran considerados respondedores parciales (respuesta virológica lenta), cuya tasa fue del 12.1%. Por el contrario, las tasas de curación virológica o respuesta virológica sostenida (RVS) fue del 52.5%.

En el 18% y en el 23% de los pacientes se redujo en algún momento la dosis de interferón y Ribavirina, respectivamente. En el 14% y 6% de los pacientes se empleó Epoetina alfa y Filgastrim, respectivamente.

6.3. RESPUESTA VIROLÓGICA SOSTENIDA Y RÁPIDA

Como podremos observar en la tabla 5, alcanzaron la RVS el 52.5 % de los pacientes de nuestro estudio: genotipo CC (56 %) frente CT/TT (44%). De los 47 pacientes que no se curaron, la mayoría tenían un genotipo desfavorable (CT/TT: 79 %): OR1.7, IC al 95% (1.3-2.5); p < 0.0001.

Respondedores nulos: 7/99 (7.1 %), respondedores parciales: 12/99 (12.1 %), recidiva intratratamiento: 2/99 (2%) y recidivantes: 26/99 (26.3 %). Sólo un 33.3% (7/21) de los cirróticos presentó un genotipo CC.

Las tasas de curación fueron mayores en sujetos con menor fibrosis hepática (F0-F2: 44/70; 62,8%) frente a (F3-F4: 9/29; 31 %): OR 2,9, IC95% (1,4-5,9); p = 0,001; siendo también mayores en ausencia de cirrosis (F0-F3: 46/78, 59 %) frente a F4 (5/21, 23,8 %): OR 4,7, IC 95% (1,7-13,0); p = 0,001.

Se curaron más los pacientes con IP-10 basal más baja (grupo RVS: media 288 $\pm$ 147 pg/ml frente al grupo sin RVS: 421 $\pm$ 173 pg/ml: OR 1,0, IC 95% (1,1-1,2); p < 0,0001 y aquellos con valor basal de HOMA-IR menor: grupo RVS (2,5 $\pm$ 2,3) frente al grupo no curado: (4,3 $\pm$ 4,2): OR

0,8, IC 95% (0,6-1,0); p = 0,037. Por otro lado, se curaron menos en presencia de esteatosis hepática moderada o severa cuando los comparábamos con los pacientes sin esteatosis hepática.

Unos niveles de LDL-colesterol basales más elevados no alcanzaron por poco la significación estadística para predecir las tasas de RVS (p=0,07), pero cuando seleccionamos los pacientes con fibrosis (F3-F4), sí resultaron significativos (en el grupo de curados, media 144 ± 14 mg/dl, frente al grupo de no curados: media 103 ± 26 mg/dl: OR 1,06, IC 95% (1,01-1,12); p =0,018.

Por otra parte, los pacientes que presentaron menores concentraciones plasmáticas de triglicéridos basales alcanzaron también mayores tasas de curación: en el grupo RVS (media 81 mg/dl; DE=27) frente al no curado (media 100 mg, DE=38): OR 0,98, IC 95% (0,96-0,99); p=0,016.

Alcanzaron la RVR un 39%, siendo más frecuente en el genotipo CC (61.5%) frente a CT/TT (38.5 %): OR 1.9, IC 95% (1.3-3.0); p < 0.0001. Los que alcanzaron la RVR presentaron unas tasas de RVS significativamente superiores (33/39:84.6%) respecto a aquellos que no la alcanzaron (19/60:31.7%): OR 11.8; IC 95% (4.2-33.1); p < 0.0001.

Tabla 5. Características de los pacientes dependiendo de que alcanzaran o no la respuesta virológica

	RVS (n=52)	No RVS (n=47)	Odds Ratio	IC 95%	Valor de P
Edad (años)	43 ± 10	46 ± 8	1.1	(1.0-1.2)	0.05
Indice de masa corporal (kilogramos/metro ^{2})	25 ± 5	28 ± 5	1.1	(1.0-1.2)	< 0.01
IP-10 basal (picogramos/mililitro)	288 ± 147	421 ± 173	1.1	(1.0-1.2)	< 0.0001
HOMA-IR	2.5 ± 2.3	4.3 ± 4.2	0.8	(0.6-1.0)	0.037
Carga viral basal (log_{10} UI/mililitro)	5.7 ± 0.9	6.1 ± 0.6	1.9	1.1-3.2	0.026
Aclaramiento creatinina (ml/h)	110 ± 25.5	133 ± 33	1.1	1.0-1.2	< 0.001
Esteatosis hepática (n, %)	19 (36.5)	33 (70.2)	1.9	1.3-2.9	< 0.001
METAVIR F0-F2 (n, %)	44 (84.6)	26 (55.6)	2.9	1.4-5.9	0.002
RV1 (3° o 7° día) (UI/ml log_{10})	(- 2.06 ± 0.98)	(-0.87 ± 0.71)	5.9	2.9-12.4	< 0.0001
RV1 (Dosis inducción)	(-2.2 ± 0.9)	(-1.0 ± 0.8)	4.9	2.0-11.8	< 0.0001
RV1 (Dosis estándar)	(-1.9 ± 1.1)	(- 0.7 ± 0.6)	10.9	2.6-45.3	< 0.0001
Reducción 3° día (UI/ml Log_{10})	(-1.7 ± 0.9)	(-0.8 ± 0.6)	5.4	2.6-11.1	< 0.0001
Reducción 7° día (UI/ml Log_{10})	(-1.9 ± 1.0)	(-0.7 ± 0.6)	6.3	3.0-13.4	< 0.0001
Presencia de RVPS, (n=57)	49 (94.2)	8 (17)	79.6	19.7-320.3	< 0.0000
Ausencia de RVPS, (n=48)	3 (5.8)	39 (82.9)			
RVPS (Dosis inducción) (n, %)	27 (93.1)	5 (20)	54	9.5-307	< 0.0000
RVPS (Dosis estándar) (n, %)	22 (95.7)	3 (13.6)	139.3	13.3-1453.6	< 0.0000
Respuesta virológica rápida (n=39)	33 (84.6)	6 (15.4)	11.9	4.2-33.1	< 0.0000
Ausencia Respuesta virológica Rápida (n=60)	19 (31.7)	41 (68.3)			
mLDLc (mg/dl)	100 ± 23	89 ± 28	1.1	1.0-1.2	< 0.05
mLDLc (mg/dl) + METAVIR F3-F4	116 ± 11	82 ± 29	1.2	1.0-1.4	0.01
Triglicéridos medios (1° mes biterapia), mg/dl	101 ± 29	147 ± 65	0.97	0.94-0.99	0.027
Ratio de infectividad (IL-28B-CC)	2.5 ± 1.1	4.7 ± 3.2	0.5	0.3-0.9	0.02

Variables categóricas expresadas en n (valor numérico) y % (porcentaje). Variables cuantitativas expresadas como media ± desviación estándar. IC 95% (intervalo de confianza al 95%).. OR (Odds Ratio).

RVPS (Respuesta Virológica de la 1ª Semana), RVS (Respuesta Virológica Sostenida), RV1 (máxima reducción virémica respecto a la carga viral basal durante 1ª semana biterapia, bien 3° o 7° día), Log_{10} (logaritmo decimal), UI (Unidades internacionales), ml (mililitro), h (hora).

Además, los sujetos no cirróticos (F0-F3) con carga viral basal (CVB) < 600000 UI/ml, que alcanzaron la RVR se curaron más (14/15:93.3%) que aquellos que no la presentaron (6/10:60%): OR 9.3; IC 95% (1.1-102.0); p=0.04.

Alcanzaron mayores tasas de RVR los pacientes con niveles plasmáticos más bajos de IP-10 (p =0,001), sin encontrar diferencias entre grupos en el valor del HOMA-IR basal (p = 0,42). No hubo diferencias en las tasas de RVR, independientemente del grado de fibrosis hepática (p = 0,52).

Como podemos ver en la figura 9, alcanzaron mayores tasas de RVS aquellos pacientes que consiguieron mantener concentraciones plasmáticas medias de LDL-colesterol durante el 1° mes de terapia antiviral, independientemente del genotipo IL-28B que tuvieran.

Esta tendencia se mantuvo, siempre que las concentraciones plasmáticas de colesterol total basal con la que iniciaba la terapia antiviral dicho pacientes, hubiera sido igual o mayor a 145 mg/dl (condición que cumplía el 91 % de nuestra muestra): grupo curados: media 100 $\pm$ 23, mg/dl frente al grupo de pacientes con ausencia RVS: media 89 $\pm$ 28, mg/dl; OR 1,1; IC 95% (1,0-1,2); $p < 0{,}05$.

Figura 9. Diagrama de barras concentraciones medias LDL-colesterol

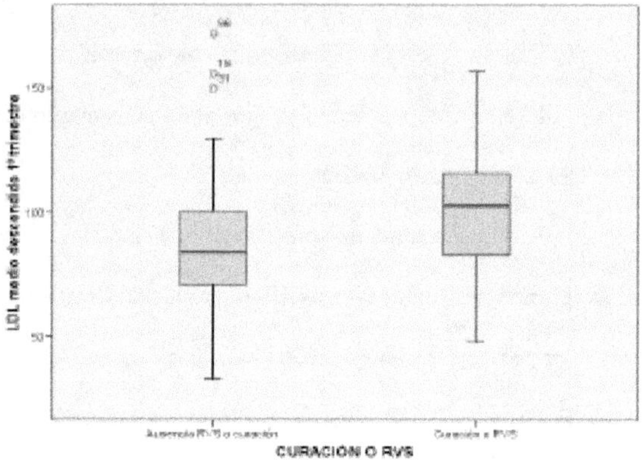

LDL (lipoproteinas de baja densidad); RVS (respuesta virologica sostenida)

Estas diferencias eran más significativas en los pacientes con mayor grado de fibrosis hepática (Metavir F3-F4). En los pacientes con genotipo favorable (CC) mantuvieron unas concentraciones plasmáticas medias durante el 1° mes más elevadas (100 $\pm$ 27 mg/dl) que los pacientes CT/TT (85 $\pm$ 27 mg/dl); OR 0,98, IC 95% (0,96-0,99); $p < 0{,}013$.

Los pacientes con un genotipo de la IL-28B favorable (CC) que tuvieron un "ratio de infectividad" elevado (cociente entre triglicéridos medios y HDL-colesterol medios mayor o igual de 3,2 durante el 1° mes de terapia), se curaron menos que aquellos que lo tuvieron bajo. Este hecho no se evidenció en pacientes con genotipo desfavorable (CT/TT).

Tal como podemos ver en la figura 10, también se curaron más aquellos sujetos que presentaban una secreción de VLDL pretratamiento menor. Además, se evidenció que existía una correlación positiva entre los niveles basales de VLDL y el valor del ratio de infectividad durante el 1° mes de terapia antiviral (coeficiente de Pearson = 0,658).

Figura 10. Correlación VLDL basal y ratio de infectividad durante el 1° mes de biterapia

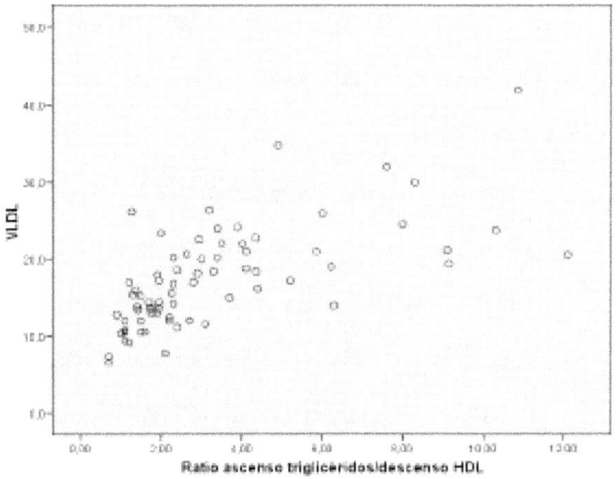

VLDL (lipoproteínas de muy baja densidad, very low density lipoprotein); HDL (lipoproteína de alta densidad, high density lipoprotein).

Por otro lado, se curaron menos los pacientes con presencia de esteatosis hepática moderada o severa cuando los comparábamos con los pacientes sin esteatosis hepática.

Pero si la esteatosis hepática influía en las tasas de RVS, el grado de severidad de la esteatosis condicionó las tasas de RVR en los pacientes con genotipo IL-28B desfavorable: ninguno de los 18 pacientes con genotipo CT/TT y esteatosis moderada-severa alcanzó la RVR frente a aquellos con ausencia de esteatosis hepática: 8 de los 22 pacientes CT/TT sin esteatosis hepática (36,3 %): OR 2,9, IC 95% 1,2-6,9; p = 0,015.

Estas diferencias no eran observadas en pacientes con genotipo IL-28B favorable (CC). Los pacientes que presentaron un mayor grado de esteatosis hepática tuvieron una secreción basal mayor de VLDL que aquellos sin esteatosis.

En los pacientes con genotipo CT/TT de la IL-28B que tuvieron esteatosis hepática se consumieron más las moléculas de HDL-colesterol durante el 1° mes de terapia que aquellos que no presentaron esteatosis, algo que no se evidenció en los pacientes con genotipo CC.

En los pacientes con genotipo CT/TT y esteatosis moderada-severa, las concentraciones plasmáticas medias de HDL-colesterol durante el 1°

mes de terapia fueron significativamente inferiores (39 ± 10 mg/dl), que las registradas en pacientes sin esteatosis hepática (55 ± 22 mg/dl): OR 1,07, IC 95% (1,01-1,14); p = 0,009, mientras que para el genotipo CC: p = 0,46.

6.4. VARIABLE RESPUESTA VIROLÓGICA DE LA PRIMERA SEMANA

La tabla 5 muestra como los pacientes que alcanzaron la RVS, presentaron una reducción virémica máxima durante la 1° semana (al 3° o 7° día de biterapia) de haber administrado la 1ª dosis de interferón pegilado (valor RV1), estadísticamente mayor (-2,06 ± 0,98 log_{10} UI/ml) que la que alcanzaron aquellos que no se curaron (-0,87 ± 0,71 log_{10} UI/ml): OR 5,9; IC 95% (2,9-12,4); p < 0,0001.

Esta tendencia se mantuvo independientemente de que la determinación de la viremia se realizaba al 3° día o 7° día, y si era empleada o no la dosis de inducción (PDI). Por tanto, el empleo de una PDI no conseguía mejorar la capacidad predictiva. No se detectaron diferencias estadísticamente significativas en la variable RV1 entre el empleo de una PDI (-1,6 ± 1,03 UI/ml) y una 1ª dosis estándar (-1,34 ± 1,05 UI/ml): p = 0,15.

Sin embargo, la reducción virémica alcanzada entre el final de la 1ª semana y 4ª semana sí que tuvo carácter predictivo: la reducción virémica alcanzada en el periodo 1ª-4ª semana de biterapia era (-2,3 ± 1,0 UI/ml) en curados, la reducción registrada en no curados fue menor (-1,4 ± 1,0 UI/ml); OR 2,3; IC 95% (1,5-3,7); p < 0,0001.

Los pacientes con RVR tuvieron un valor de la variable RV1 significativamente mayor que aquellos que no la alcanzaron: (- 2,28 ± 0,97 UI/ml si presencia de RVR) frente a ausencia RVR (- 0,99 ± 0,73 UI/ml); OR 0,16, IC 95 % (0,08-0,33); p < 0,0001, de igual forma que los genotipos CC presentaron un valor medio de RV1 mayor (- 2,17 ± 0,93 UI/ml) que la que obtuvieron los genotipos desfavorables (CT o TT): (-1,06 ± 0,87 UI/ml): OR 0,3, IC 95 % (0,1-0,5); p < 0,0001.

La misma tendencia para la variable RV1 se observó en aquellos sujetos con menor grado de fibrosis hepática al compararlos con los cirróticos: mientras el valor medio RV1 en los F0-F3 fue (-1,65 ± 1,07 UI/ml), en los cirróticos fue (-0,93 ± 0,70): OR 2,3; IC 95% (1,2-4,4); p = 0,007, y cuando comparábamos los pacientes sin esteatosis hepática (-1,83 ± 1,06 UI/ml) con aquellos que sí la tenían (-1,20 ± 0,94): OR 1,9; IC 95% (1,2-2,9); p = 0,004.

Cuando analizamos el comportamiento de la variable RV1 dependiendo del tipo de respuesta a la terapia observamos que el valor medio obtenido para los "respondedores nulos" fue de tan solo (-0,35 ± 0,30 UI/ml), siendo algo mejor en "respondedores parciales" (-0,75 ± 0,48 UI/ml) y "recidivantes" (-1,06 ± 0,80 UI/ml), lo que contrasta de forma estadísticamente significativa con el valor RV1 obtenido en aquellos con RVS (-2,07 ± 0,99 UI/ml), obteniéndose una OR al compararlo con los respondedores nulos de 15; IC 95% (1,9-120,4); p = 0,01.

La Respuesta Virológica de la Primera Semana (RVPS) la presentaron 57/99 (57,6%), encontrándose en el 94,2% de los pacientes que alcanzaron la RVS (49/52), mientras que estuvo presente sólo en 17% (8/47) de los pacientes sin RVS (tasa de falsos positivos). Por otro lado, el 82,9% (39/47) de los pacientes sin RVS no presentaron la RVPS (tasa de falsos negativos sólo del 5,8%).

La RVR la presentaron un 39,3% (39/99), concretamente el 63,4% de los curados (33/52), mientras que estuvo ausente en el 87,2% de aquellos que no se curaron. La tasa de falsos positivos y negativos de la RVR fue respectivamente del 15,4% y 31,7%.

Por otra parte, cuando analizamos la capacidad predictiva de RVS del genotipo IL-28B, observamos que se curaron el 55,7% de los pacientes con genotipo CC (29/52), presentando un haplotipo desfavorable (CT/TT) el 78,7% (37/47) de los pacientes que no alcanzaron finalmente la RVS. La tasa de falsos positivos y falsos negativos del genotipo IL-28b favorable fue respectivamente del 25,6% y 38,3%.

Cuando analizamos las tasas de VPP que presentaron estas 3 variables (RVPS, RVR y genotipo IL-28B), no observamos diferencias significativas: el valor predictivo positivo de la RVPS fue del 85,9 % (49/57), próximo al obtenido por la RVR y el genotipo IL-28B, que fueron respectivamente, del 84,6% (33/39) y 74,3% (29/39).

Sin embargo, el valor predictivo negativo (VPN) de la RVPS fue del 92,8% (39/42), claramente superior que el que presentaron la RVR (68,3%:41/60) y el genotipo IL-28B CC del 61,6% (37/60), sin olvidar que la tasa de falsos positivos y falsos negativos de la RVR y genotipo IL-28B fue claramente superior que la encontrada para la RVPS.

En la tabla 6 se exponen las variables relacionadas con el metabolismo lipídico basal y cinético que tuvo lugar durante el 1° mes de terapia antiviral, estableciéndose las diferencias estadísticamente significativas entre los pacientes que consiguieron alcanzar la RVS y aquellos que no se consiguieron curar con biterapia.

Tabla 6. Parámetros lipídicos basales y cinéticos 1° mes terapia

	Grupo RVS n=51	Ausencia RVS n=48	Odds Ratio	IC 95%	P-valor
* LDL-COLESTEROL (1° mes de terapia), media (DE), mg/dl	100 (23)	89 (28)	1,1	(1,0-1,2)	0,05
* LDL-COLESTEROL (1° mes de terapia), media (DE), mg/dl + METAVIR F3-F4	116 (11)	82 (29)	0,95	(0,91-0,99)	0,01
AUSENCIA DE ESTEATOSIS, n (%)	33 (64,7 %)	15 (31,3 %)			
			0,34	(0,19-0,60)	< 0,0001
ESTEATOSIS LEVE, n (%)	13 (25,5 %)	15 (31,3 %)			
ESTEATOSIS MODERADA-SEVERA, n (%)	5 (9,8 %)	18 (37,5%)			
TRIGLICÉRIDOS MEDIOS (1° mes terapia), media (DE), mg/dl (Sólo genotipo CC)	101 (29)	147 (65)	0,97	(0,94-0,99)	0,027
RATIO DE INFECTIVIDAD, media (DE) (Sólo en genotipo CC)	2,5 (1,1)	4,7 (3,2)	0,51	(0,3-0,9)	0,020
VLDL basal, media (DE), mg/dl	15,8 (5,0)	19,1 (7,5)	0,92	(0,8-1,0)	0,036
METABOLISMO LIPÍDICO FAVORABLE, n (%)	41 (80,4 %)	17 (35,4 %)	7,4	(3,0-18,6)	< 0,0001
GENOTIPO CC + METABOLISMO LIPÍDICO FAVORABLE, n (%)	24 (85,7 %)	3 (27,3 %)	16,0	(2,9-87,3)	< 0,0001
GENOTIPO CT/TT + METABOLISMO LIPÍDICO FAVORABLE, n (%)	17 (73,9 %)	14 (37,8 %)	4,6	(1,5-14,6)	< 0,0001

RVS (respuesta virológica sostenida); IC (intervalo de confianza); VLDL (lipoproteínas de muy baja densidad); DE (desviación estándar); mg/dl (miligramos/decilitro); LDL (lipoproteínas de baja densidad)

En la figura 11 se expone las diferencias estadísticamente significativas que se observaron en las concentraciones medias de LDL-colesterol durante el 1° mes de terapia antiviral dual en pacientes que alcanzaron la respuesta virológica rápida, que fueron más elevadas sólo en el genotipo desfavorable de IL-28B que en aquellos que no la alcanzaron.

Figura 11. Diagrama de barras LDL-c media y tasas de respuesta virológica rápida (RVR)

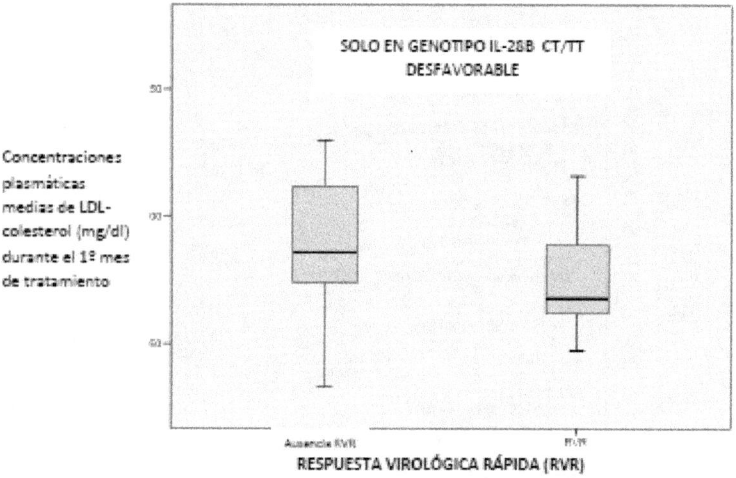

LDL-c (lipoproteínas de baja densidad de colesterol); IL-28B CT/TT (genotipo de la Interleucina 28b desfavorable: CT o TT); LDL (lipoproteínas de baja densidad de colesterol); RVR (respuesta virológica rápida); mg/dl (miligramo/decilitro).

En la figura 12 se puede observar como los pacientes que tuvieron un ratio de infectividad menor durante el 1° mes de terapia antiviral dual, sólo en el genotipo favorable CC de la Interleucina 28B, presentaron mayores tasas de curación virológica que aquellos que no tuvieron valores elevados de esta variable.

Figura 12. Diagrama de barras ratio infectividad y respuesta virológica sostenida (RVS).

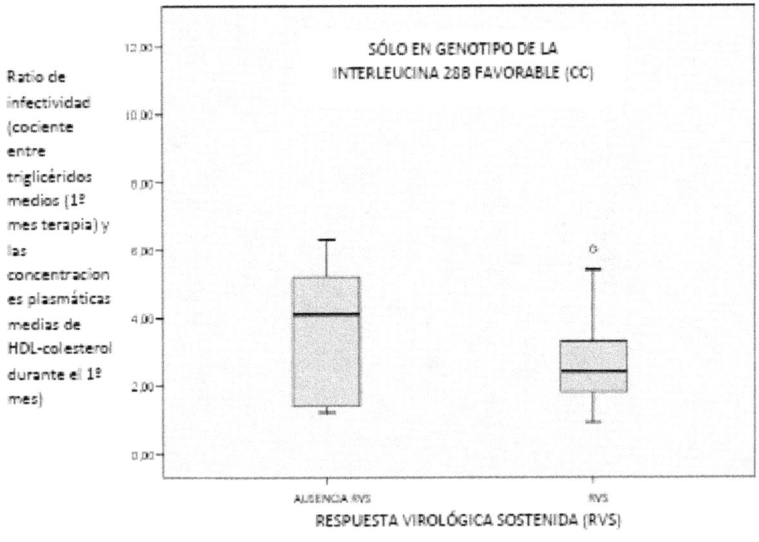

RVS (respuesta virológica sostenida

En la figura 13 se observa como los pacientes que presentaban unas concentraciones plasmáticas basales de la lipoproteínas de muy baja densidad del colesterol (VLDL) más elevadas presentaban unas menores tasas de RVS.

Figura 13. Diagrama de barras entre las lipoproteínas de muy baja densidad (VLDL) basal y las tasas de respuesta virológica sostenida (RVS).

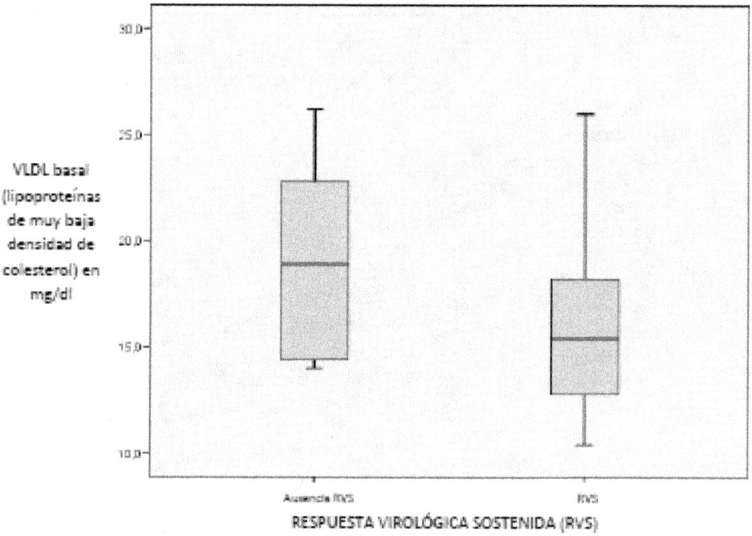

RVS (respuesta virológica sostenida); Baseline VLDL (concentraciones plasmáticas de lipoproteínas de muy baja densidad de colesterol basal); mg/dl (miligramo/decilitro)

6.5. NIVELES DE EXIGENCIA FIBRO-VIROLÓGICA

Para el punto de corte establecido para NEF 5 (RV1 ≥ 2,5 $\log_{10}$ UI/ml), el área bajo la curva (AUROC) fue 0,84, IC 95% (0,7-0,9); p =0,0001 con un sensibilidad para predecir la presencia de RVS del 98 % y una tasa de falsos positivos (1-especificidad) del 63%.

Sólo 7 pacientes cumplieron los requisitos exigidos en el NEF 5 (7%): de ellos sólo 1 alcanzó la RVS (14,2 %), mientras que para el punto de corte seleccionado para el NEF 4 (RV1 ≥ 1,4 $\log_{10}$ si era empleada la dosis de inducción o 1,2 $\log_{10}$,si ésta no era empleada), el AUROC resultante fue 0,88 con IC 95% (0,8-0,99); p< 0,0001, presentando este punto de corte en la curva ROC una sensibilidad para predecir curación del 88 % y una tasa de falsos positivos (1-especificidad) del 7 %. 32,3% (32/99 pacientes) fueron asignados al NEF 4: de ellos sólo 13 alcanzaron la RVS (40,6 %).

Para el punto de corte establecido para NEF 3 (RV1 ≥ 1,2 $\log_{10}$), el AUROC correspondiente al NEF 3 fue de 0,92, IC 95 % (0,8-0,9); p< 0,0001, hallando una sensibilidad para predecir RVS del 92 % con una tasa de falsos positivos del 20 %. 27,2% (27/99 pacientes) fueron asignados al

NEF 3: de ellos 15 alcanzaron la RVS (55,5 %), mientras que para el punto de corte seleccionado para el NEF 2 (RV1 $\geq$ 0,8 log_{10}), el AUROC era también de 0,92, IC 95% (0,7-0,9); p < 0,0001; con una sensibilidad para predecir la RVS del 86 % (tasa de falsos positivos del 10 %). 17/99 pacientes (17,1%) fueron asignados al NEF 2: de ellos 10 alcanzaron la RVS (58,8 %).

Al NEF 1 fueron asignados 16 pacientes (16,1 %): se curaron todos menos 1 (RVS=93,7%). El AUROC correspondiente para NEF 1 fue 0,73; IC 95% (0,5-0,9); p = 0,05.

La tasa de RVPS hallada en cada Nivel de Exigencia Fibro-virológica (NEF) fue, respectivamente: NEF 5 (2/7; 28,6%), NEF 4 (18/32; 56%), NEF 3 (12/27; 44,4%), NEF 2 (12/17; 70,6%) y NEF 1 (15/16; 93,7%): OR 1,6, IC 95% (1,1-2,5); p < 0,016. El área bajo la curva (AUROC) de la RVPS para predecir la RVS fue de 0,89, IC 95% (0,81-0,96); p < 0,0001.

Su capacidad para predecir la RVS fue significativamente superior tanto al genotipo IL28B, cuya AUROC fue del 0,69, IC 95% (0,5-0,8); p < 0,001, como a la presencia de RVR: AUROC de 0,75, IC (0,6-0,8); p < 0,0001.

Así observamos como en los NEF elevados (4 y 5) predominaban los pacientes que no alcanzaban la RVPS, por ello, se curaban menos. Sin embargo, los pacientes pertenecientes a NEF inferiores (3-1) la tasa de RVPS fue significativamente mayor, invirtiéndose la tendencia. Además estas diferencias se mantenían independientemente del genotipo ILE-28B.

En los pacientes con haplotipo IL-28B-CC , la tasa de RVPS fue significativamente mayor (34/39; 87,2%) que la presente en los genotipos CT o TT: 23/60 (38,3%): OR 2,3; IC 95% (1,6-3,2); p < 0,0001 y el valor RV1 también fue mayor en aquellos con presencia de la RVPS:(- 2,12 ± 0,89 UI/ml), comparado con aquellos que no la obtuvieron: (- 0,65 ± 0,50 UI/ml): OR 67, IC 95 % (11-386); p < 0,0001.

Por otra parte, cuando analizábamos la tasa de RVPS en los paciente que no se habían curado, observamos que ninguno (0/7) de los "respondedores nulos" alcanzaron la RVPS, mientras que esta tasa aumentaba al 50% (1/2) en aquellos con "breakthrough o recidiva intratratamiento", mientras que en los "respondedores virológicos lentos" (viremia detectable al 6° mes) y en los "recidivantes", la tasa de RVPS fue respectivamente, del 16,6% (2/12) y 19,2% (5/26), mientras que 49/52

(94,2%) de los pacientes que alcanzaron la curación presentaron la RVPS: OR 7,5, IC 95% (3,4-16,5); p<0,0001.

Como podemos ver en la tabla 7 se exponen los 5 niveles de exigencia fibro-virológicas que diseñamos para asignar a los pacientes que fueron incluidos en nuestro estudio, dependiendo de su carga viral basal (CVB) y el grado de fibrosis hepática que tenían. Vemos como se curan de forma estadísticamente significativa más los pacientes pertenecientes a los niveles de exigencia fibro-virológica más bajos, mientras que es menor en los pacientes pertenecientes a los niveles más elevados: 4 y 5.

Por otra parte, en la tabla 8 exponemos 4 rangos de reducción virémica máxima alcanzada durante la 1ª semana de biterapia, observándose como las caídas más marcadas tuvieron lugar en los sujetos con genotipo favorable (IL-28B-CC), mientras que en los genotipos desfavorables y pacientes cirróticos predominaban las reducciones virémica más discretas.

En la tabla 9 se exponen las variables que estuvieron relacionadas de forma estadísticamente significativa en el análisis de regresión logística multivariante con la ausencia de la RVPS: los pacientes con una IP-10 basal elevada, un genotipo desfavorable IL-28B, un Fibro-virológica elevado (NEF 4 o 5).

Tabla 7. Valor de la variable RV1 (máxima reducción virémica durante la 1ª semana de biterapia), según el Nivel de Exigencia Fibro-virológico (NEF)

NIVEL DE EXIGENCIA FIBRO-VIROLÓGICA (NEF)	RV1 (log_{10} UI/ml) CURADOS	RV1 (log_{10} UI/ml) NO CURADOS	OR (IC 95%)	P-value	TASA RVS	AUROC	Sensibilidad (%) / 1-Especificidad (%)
NEF 5 (n=7) CVB > 6 * 10^6 UI/ml	-3.3 ± 1.1	-1.2 ± 0.48	3,2 (1,2-7,5)	0.014	1/7 (14,2%)	0,84	98 % / 63 %
NEF 4 (n=32) CVB (6 x 10^6 - 3 x 10^6 UI/ml) y/o Cirrosis hepática (F4)	-2.2 ± 0.7	-0.7 ± 0.5	7.5 (2.1-27.2)	0.002	13/32 (40,6%)	0,88	88 % / 7 %
NEF 3 (n=27) F0-F3 + CVB (2999999-850000 UI/ml)	-2.1 ± 0.6	-0.6 ± 0.5	46,6 (1,9-1103)	0,016	15/27 (55,5%)	0,92	92 % / 20 %
NEF 2 (n=17) F0-F3 + CVB (850000-100000 UI/ml)	-2.0 ± 1.3	-0.45 ± 0,25	21,6 (0,79-592)	0,07	10/17 (58,8%)	0,92	86 % / 30 %
NEF 1 (n=16) F0-F3 + (CVB <100000 UI/ml)	-2.0 ± 1.0	-0.85 ± 0.47	2,9 (0,5-16,8)	0,05	15/16 (93,7%)	0,73	70 % / 7 %

Variables categoricas expresadas en n (valor numerico) y % (porcentaje). Variables cuantitativas expresadas como media ± desviacion estandar. IC 95% (intervalo de confianza al 95%), solo para variables estadisticamente significativas. OR (Odds Ratio), solo para variables estadisticamente significativas.

NEF (Nivel de Exigencia Fibro-virologica), RV1 (maxima reduccion viremica respecto a la carga viral basal durante 1ª semana biterapia, bien 3º o 7º dia), IMC (indice de masa corporal), CVB (carga viral basal), Log_{10} (logaritmo decimal), pg/ml (picogramo/mililitro), HOMA-IR (Homeostasis Model of Assessment - Insulin Resistance), mg/dl (miligramo/decilitro), UI/ml (Unidades internacionales / mililitro), RNA (acido ribonucleico), VHC (virus de la hepatitis C), P-valor (significación estadistica), F0-F3 (fibrosis METAVIR F0-F3, no cirrotico)

En la tabla 8 se exponen como se distribuyó la reducción máxima de la viremia respecto a la basal que presentaron durante la 1ª semana de biterapia los pacientes que fueron incluidos en el estudio, dependiendo del genotipo de la Interleucina 28b que tuvieran y la distribución de rangos de la variable RV1 en los pacientes con cirrosis hepática (F4).

Tabla 8. Valor de la variable RV1 en función del genotipo IL-28B y grado de fibrosis.

REDUCCIÓN MAXIMA VIREMIA 1ª SEMANA TERAPIA (RV1)	PACIENTES (n, %)	GENOTIPO CC (n, %)	GENOTIPO CT/TT (n, %)	METAVIR F4 (n, %)
CAÍDA > 2,5 log RNA-VHC	21 (21,2)	15 (71)	6 (28,5)	1 (4)
CAÍDA (< 2,5 – 1,4 log RNA-VHC)	28 (28,3)	16 (57)	12 (43)	5 (24)
CAÍDA (1,39 – 1,2 log RNA-VHC)	23 (23,2)	7 (30)	16 (69)	6 (28)
CAÍDA (1,1 y 0,8) log RNA-VHC	27 (27,3)	3 (11)	24 (89)	9 (43)

Variables categoricas expresadas en n (valor numérico) y % (porcentaje). Variables cuantitativas expresadas como media ± desviacion estandar. IC 95% (intervalo de confianza al 95%), solo para variables estadisticamente significativas. OR (Odds Ratio), solo para variables estadisticamente significativas.

IMC (indice de masa corporal), CVB (carga viral basal), Log_{10} (logaritmo decimal), pg/ml (picogramo/mililitro), HOMA-IR (Homeostasis Model of Assessment - Insulin Resistance), mg/dl (miligramo/decilitro).

En la tabla 9 se exponen las variables que resultaron estadísticamente significativas en el análisis de regresión logística multivariante relacionadas con la presencia de la respuesta virológica de la primera semana (RVPS). Podemos observar como los pacientes con niveles elevados de IP-10 basal, la presencia de un genotipo IL-28B CT/TT, un elevado aclaramiento de creatinina basal y la pertenencia a un NEFV elevado (4 o 5) se asociaron a peores tasas de RVS.

Tabla 9.Variables relacionadas con presencia de RVPS en análisis de regresión logística multivariante

VARIABLE	ODDS RATIO IC 95%	P-VALUE
IP-10 basal (pg/ml)	1,1 (1,0-1,2)	0,027
IL-28B genotype (CT/TT)	19,1 (4,9-73,5)	< 0,0001
Aclaramiento creatinina (ml/hora)	1,1 (1,0-1,2)	0,004
NEF altos (NEL 5 o 4)	2,3 (1,3-4,1)	0,005

Variables categóricas expresadas en n (valor numérico) y % (porcentaje). Variables cuantitativas expresadas como media ± desviación estándar. IC 95% (intervalo de confianza al 95%), sólo para variables estadísticamente significativas. OR (Odds Ratio), sólo para variables estadísticamente significativas.
Abreviaturas: IMC (índice de masa corporal), CVB (carga viral basal), Log_{10} (logaritmo decimal), pg/ml (picogramo/mililitro), HOMA-IR (Homeostasis Model of Assessment - Insulin Resistance), mg/dl (miligramo/decilitro).

6.6. NIVELES DE EXIGENCIA LIPÍDICA

En la tabla 10 se exponen los 5 niveles de exigencia lipídica que diseñamos para distribuir los pacientes que fueron incluidos en nuestros estudios en función de 3 variables: la carga viral basal, el grado de fibrosis hepática y el valor del ratio de infectividad que presentaron los pacientes durante el 1° mes de biterapia antiviral.

Podemos observar como los pacientes pertenecientes a los niveles de exigencia lipídica elevados (5 y 4), que son pacientes cirróticos tuvieron menores tasas de metabolismo lipídico favorable (MLF) y menores tasas de curación (RVS).

Tabla 10. Niveles de exigencia lipídica o NEL

NEL n (%)	Pacientes según: * grado fibrosis * Carga viral basal *Ratio de infectividad	LDL media Necesaria (mg/dl)	Presencia de Metabolismo Lipídico Favorable (n=58) n (%)	Ausencia de Metabolismo Lipídico Favorable (n=41) n (%)	RVS n (%) 51 (51,5 %)
NEL 5 24(24,2 %)	Cirrosis hepatica CVB > 3×10^6 RI >3,2	≥ 110	8 (13,7 %)	16 (39 %)	6 (25 %)
NEL 4 20 (20,2 %)	Cirrosis hepatica CVB > 3×10^6 RI < 3,2	≥ 105	5 (8,6 %)	15 (36,6 %)	7 (35 %)
NEL 3 13 (13,1 %)	No cirróticos (F0-F3) CVB ($2{,}9 \times 10^5$ - 1×10^6) RI > 3,2	≥ 80	10 (17,2 %)	3 (7,3 %)	9 (69,2 %)
NEL 2 29 (29,2 %)	No cirróticos (F0-F3) CVB ($2{,}9 \times 10^5$ - 1×10^6) RI < 3,2	≥ 65	23 (39,6 %)	6 (14,6 %)	17 (58,6 %)
NEL 1 13 (13,1 %)	No cirróticos (F0-F3) CVB < 1×10^5	≥ 45	12 (20,7 %)	1 (2 %)	12 (92,3 %)

Variables categoricas expresadas en n (valor numerico) y % (porcentaje).

IC 95% (intervalo de confianza al 95%), solo para variables estadisticamente significativas.

OR (Odds Ratio), solo para variables estadisticamente significativas

IMC (indice de masa corporal), CVB (carga viral basal), Log_{10} (logaritmo decimal), mg/ml (miligramo/mililitro), LDL (lipoproteinas de baja densidad), NEL (Nivel de exigencia lipidica), CVB (Carga viral basal), Cirroticos (Metavir F4), No cirroticos (Metavir F0-F3), RVS (curación virologica o respuesta virologica sostenida), RI (ratio de infectividad).

Partiendo de la hipótesis de que un paciente cirrótico (F4) es más difícil a priori de curar con biterapia que un sujeto no cirrótico (F0-F3), y que no es lo mismo intentar curar con biterapia un paciente con CVB muy alta (RNA-VHC > 3 x 10^6) que a otro portador de una carga viral más baja, establecimos 5 *"Niveles de Exigencia Lipídica (NEL)"*.

En él que fueron distribuidos nuestros pacientes y que estaban basados en el grado de fibrosis hepática (Cirrosis versus F0-F3), carga viral basal (CVB con diferentes rangos de viremia pretratamiento) y una 3ª variable basada en cinética lipídica (ratio de infectividad elevado o bajo durante el 1° mes de biterapia), dependiendo de si el valor registrado de esta variable era mayor o igual a 3,2.

Así cada uno de los pacientes de nuestro estudio fue asignado a un determinado NEL en base a estas 3 variables. Se estableció una concentración mínima media necesaria de LDL-colesterol durante el 1° mes de biterapia distinta en cada uno de los niveles de exigencia lipídica. Si el paciente conseguía mantener durante ese periodo unas concentraciones plasmáticas medias de LDL-colesterol al menos igual o superior al punto de corte de LDL-colesterol que se exigía para cada NEL, consideraríamos que este paciente había presentado durante el 1° mes de biterapia una cinética o "Metabolismo Lipídico Favorable (MLF)".

En caso de que las concentraciones medias de LDL-colesterol durante este periodo hubieran sido inferiores a las exigidas para el NEL al que pertenecía dicho paciente, estableceríamos que éste sujeto no había presentado cinética lipídica favorable (ausencia de MLF).

Niveles 5 y 4 de Exigencia Lipídica (NEL 5 y 4):

En estos NEL fueron asignados los pacientes, que a priori, eran más difíciles de curar (cirróticos o F4) y/o CVB muy elevada (>3.000.000 UI/ml). Si presentaban, además un ratio de infectividad elevado durante el 1° mes de terapia eran asignados al Nivel 5 o NEL 5, mientras que si era bajo (<3,2), eran asignados al Nivel 4 o NEL 4.

Para que dichos pacientes alcanzaran lo que llamaríamos un "Metabolismo Lipídico Favorable (MLF)", era necesario que mantuviesen unos niveles medios de LDL-colesterol durante el 1° mes de terapia (mLDLc) más elevados para poderse curar, como reflejo de una actividad óptima de la lipoprotein lipasa, como mecanismo compensador y limitante de la infectividad viral a través de los receptores de LDL-colesterol. Así se estableció la necesidad de mantener durante el 1° mes de terapia unas concentraciones plasmáticas mínimas por encima de 110 mg/dl para (NEL 5) y de 105 mg/dl para (NEL 4).

Estos puntos de corte fueron obtenidos de la curva COR que asociaba las concentraciones plasmáticas medias de LDL-colesterol durante el 1° mes de biterapia con las tasas de curación virológica (RVS), que para el punto de corte establecido para NEL 5 (mLDLc > 110 mg/dl), el área bajo la curva (AUROC) fue 0,94 (p =0,01) con un sensibilidad del 100 % y una tasa de falsos positivos (1-especificidad) del 6%.

De nuestro estudio, 24/99 pacientes fueron asignados al NEL 5 (24,2 %): de ellos sólo 6 alcanzaron la RVS (25 %), mientras que para el punto de corte seleccionado para el NEL 4 (mLDLc > 105 mg/dl), el área bajo la curva (AUROC) fue 0,94 (p =0,01) con un sensibilidad también del 100 % y una tasa de falsos positivos (1-especificidad) del 6%. De nuestro estudio,

20/99 pacientes fueron asignados al NEL 4 (20,2 %): de ellos sólo 7 alcanzaron la RVS (35 %).

Para el Nivel de Exigencia lipídica 3 o 2 :

A este grupo fueron asignados los pacientes no cirróticos (F0-F3) con CVB < 3 x 10^6, de forma que si tenían un ratio de infectividad elevado, eran asignados al NEL 3, y si éste era bajo, pertenecía al NEL 2: en ambos niveles la concentración media de LDL-colesterol que tendría que mantener el paciente para alcanzar el llamado MLF seria inferior a 100 mg/dl, estableciéndose como punto de corte para el NEL 3 un valor medio de mLDLc de al menos 80 mg/dl, mientras que para el NEL 2, un valor mLDLc de al menos 65 mg/dl.

El punto de corte establecido para NEL 3 (mLDLc > 80 mg/dl), el área bajo la curva (AUROC) fue 0,73 (p = 0,02) con un sensibilidad del 85 % y una tasa de falsos positivos (1-especificidad) del 50%. De nuestro estudio, 13/99 pacientes fueron asignados al NEL 3 (13,1 %): de ellos 9 alcanzaron la RVS (69,2 %), mientras que para el punto de corte seleccionado para el NEL 2 (mLDLc > 65 mg/dl), el área bajo la curva (AUROC) fue 0,70 (p =0,05) con un sensibilidad también del 95 % y una tasa de falsos positivos (1-especificidad) del 78 %. De nuestro estudio, 29/99 pacientes fueron asignados al NEL 2 (29,3 %): de ellos 17 alcanzaron la RVS (58,6 %)

En el nivel 1 (NEL 1) fueron asignados aquellos sujetos no cirróticos (F0-F3) con carga viral basal muy baja (RNA-VHC < 100000 UI/ml), independientemente del valor del ratio de infectividad. Para que el paciente alcanzara un MLF se estableció un valor medio de mLDLc de al menos 45 mg/dl. Al NEL 1 fueron asignados 13 pacientes (13,1 %), se curaron todos menos 1 (RVS =92,3%).

6.7. METABOLISMO LIPÍDICO FAVORABLE

La tasa de Metabolismo Lipídico Favorable (MLF) hallada en cada Nivel de Exigencia Lipídica (NEL) fue, respectivamente: NEL 5 (8/24; 33,3 %), NEL 4 (5/20; 25%), NEL 3 (10/13; 76,9%), NEL 2 (23/29; 79,3%) y NEL 1 (12/13; 92,3%): OR 2,3, IC 95% (1,6-3,3); $p < 0,0001$.

Así observamos como en los niveles de exigencia lipídica elevados (4 y 5) predominaban los pacientes que no alcanzaban un metabolismo o cinética lipídica favorable, por ello, se curaban menos. Sin embargo, los pacientes pertenecientes a niveles de exigencia lipídica inferiores (3- 1) la tasa de presencia de MLF fue mayor, invirtiéndose la tendencia a curarse con mayor probabilidad: presencia de metabolismo lipídico favorable (MLF) en 41/51 (80,4 % en el grupo RVS frente al 35,4% (17/48) (grupo sin RVS): OR 7,4, IC 95% (3,0-18,6); p < 0,0001. Además estas diferencias se mantenían independientemente del genotipo de la ILE-28B que tuviera el paciente.

Se confirmó que los pacientes que habían presentado un metabolismo lipídico favorable (MLF) mantenían unas concentraciones plasmáticas medias durante el 1° mes de biterapia superiores de forma estadísticamente significativa (media 104 mg/dl, DE = 25) a las que se registraron en paciente que tuvieron una cinética lipídica desfavorable, en la que no alcanzaron el umbral de LDL-colesterol establecido para su NEL (media 73 mg/dl, DE = 19); OR 1,1; IC 95% (1,04-1,09); p < 0,0001.

Además, observamos que los pacientes que tenían un genotipo favorable de la IL-28B (CC) presentaron con mayor frecuencia un metabolismo lipídico favorable (MLF) durante el 1° mes de terapia de forma estadísticamente significativa que aquellos con genotipo desfavorable: presencia de un MLF: (27/39, 69,2 %) si genotipo CC frente al grupo CT/TT (27/60, 45 %): OR 2,5; IC 95 % (1,1-6,0), p = 0,03.

En la tabla 11 la relación del metabolismo lipídico en pacientes infectados crónicamente por el VHC genotipo 1 y el grado de esteatosis hepática (ausencia de la misma) frente a un grado de esteatosis hepática moderada-severa.

Tabla 11. Relación entre el metabolismo lipídico y esteatosis hepática.

	Ausencia Esteatosis hepática	Esteatosis Hepática Moderada-severa	Odds Ratio	IC 95%	Valor P
VLDL basal, media (DE), mg/dl	15,0 (4,3)	21,1 (7,9)	1,1	(1,0-1,2)	0,005
Ratio infectividad (1° mes de terapia), media (DE)	2,9 (2,8)	4,5 (3,0)	1,1	(1,0-1,1)	0,042
Ratio de infectividad elevado (RI > 3,2), n (%)	13 (27,1%)	13 (56,5%)	1,9	(1,1-4,4)	0,048
HDL-colesterol medio (1° mes terapia) Media (DE), mg/dl (Sólo genotipo CT/TT)	50 (19)	40 (12)	0,85	(0,7-0,9)	0,033
Genotipo CC, n (%)	26 (54,2 %)	5 (21,7 %)	1,3	(1,1-1,5)	0,013
Genotipo CT/TT, n (%)	22 (45,8 %)	18 (78,3 %)	-	-	0,754
RVS, n (%)	33 (68,8 %)	5 (21,7 %)	0,2	(0,1-0,6)	< 0,0001
Ausencia RVS, n (%)	15 (31,3%)	18 (78,3 %)	0,5	(0,2-0,9)	< 0,0001

Variables categóricas expresadas en n (valor numérico) y % (porcentaje). Variables cuantitativas expresadas como media (desviación estándar). IC 95% (intervalo de confianza al 95%). OR (Odds Ratio).

IMC (índice de masa corporal), CVB (carga viral basal), Log_{10} (logaritmo decimal), pg/ml (picogramo/mililitro), ml/h (milímetro/minuto), HOMA-IR (Homeostasis Model of Assessment - Insulin Resistance), mg/dl (miligramo/decilitro), LDL (lipoproteínas de baja densidad), RVS (respuesta virológica sostenida), RI (ratio de infectividad), VLDL (lipoproteínas de muy baja densidad), HDL (lipoproteínas de alta densidad).

Como podemos ver en la figura 14, los pacientes que presentaron un grado de esteatosis hepática moderada o severa presentaron mayores tasas de fracaso terapéutico, comparado con el grupo de pacientes con ausencia de la misma.

Figura 14. Influencia del grado de esteatosis y las tasas de respuesta virológica sostenida (RVS).

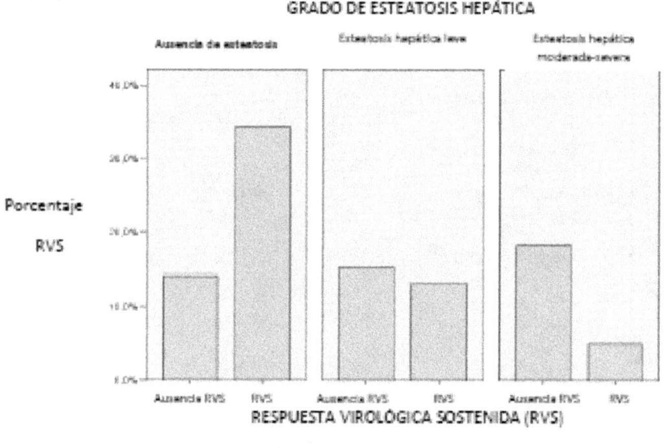

RVS (respuesta virológica sostenida).

Como podemos ver en la figura 15, en los pacientes que tenían un mayor grado de severidad de esteatosis hepática, las concentraciones plasmáticas basales o pretratamiento de lipoproteína de muy baja densidad (VLDL), eran mayores que la de aquellos que presentaban una esteatosis hepática leve o ausente. Por tanto, el grado de esteatosis hepática podría modular el grado de secreción de lipoviropartículas infectadas al plasma, lo que explicaría que los pacientes con esteatosis hepática moderada o severa tuvieran probablemente una mayor secreción de lipoviropartículas y esto, a su vez explicara, al menos en parte, que se curaran menos.

Figura 15. Relación entre las lipoproteínas de muy baja densidad (VLDL) basal y grado de esteatosis hepática.

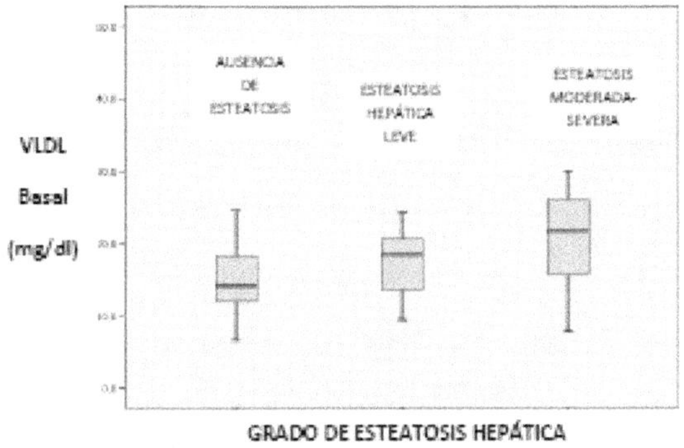

VLDL (concentraciones plasmáticas de lipoproteína de muy baja densidad de colesterol basal); mg/dl (miligramo/decilitro)

6.8. CONCENTRACIONES PLASMÁTICAS DE RIBAVIRINA

El peso basal medio fue de 76.4 ± 15 kg. La dosis de Ribavirina más prescrita fue de 1200 mg/día (54.5%). Mientras un 43% de los sujetos tenía un aclaramiento de creatinina (CrCl) menor de 116 ml/h, un 21% tenía un CrCl mayor de 140 ml/h.

El aclaramiento de creatinina basal medio fue de 121 ± 31 mililitro / hora. Dado que la Ribavirina puede producir en los pacientes hemolisis y generar anemia durante el tratamiento, se registraron los valores medios tanto de la hemoglobina basal (14.8 ± 1.4 gramos /decilitro) y el valor medio del volumen corpuscular medio basal (VCM) de 90.7 ± 7.1 fentolitros.

La determinación del pH urinario medio basal de nuestra muestra de pacientes fue de 5.68 ± 0.74. En todos se realizó un urocultivo para descartar que la muestra estuviera contaminada o el paciente presentara infección del tracto urinario. En ese caso, se extraía una segunda muestra para su análisis en las próximas 24 horas.

Partiendo del hecho que teníamos como objetivo alcanzar unas concentraciones plasmáticas valle de Ribavirina estables al mes de biterapia elevadas de 15 µmol/L, calculamos en cada paciente, antes de iniciar la terapia antiviral la dosis óptima diaria de Ribavirina (DODR), empleando la fórmula diseñada por Lindahl (FL).

Para ello, primero calculamos el aclaramiento de Ribavirina y posteriormente la DODR, con objeto de determinar si existía infradosificación respecto a la dosis diaria de Ribavirina realmente prescrita a los pacientes según ficha técnica (1000 o 1200 mg/día), dependiendo sólo del peso corporal. En ese caso, determinaríamos el grado de infradosificación respecto a la dosis establecida por la FL. El aclaramiento de Ribavirina medio basal fue de 17.9 ± 4.

Como podemos ver en tabla 12, a partir de un aclaramiento de creatinina basal mayor de 140 ml/hora y un grado de infradosificación respecto a la FL de al menos 600 mg/día en biterapia, el hecho de tener unas menores C_{valle} RBV se encontraba asociado a unas menores tasas de RVS. Además, cuando comparábamos la dosis real de Ribavirina que el paciente, en realidad estaba recibiendo, con la dosis que establecía la FL, observamos que 43/99 de los sujetos (43.4%) estaban correctamente dosificado o con una infradosificación inferior a 200 mg/día, 35/99 (35.3%) infradosificados 400 mg/día y hasta 21/99 (21.2%) al menos 600 mg/día.

Aquellos con un grado de infradosificación respecto a la FL mayor de 400 mg/día tenían un aclaramiento de creatinina medio mayor (122 $\pm$ 8 ml/h) frente a aquellos que estaban correctamente dosificados (92 $\pm$ 12 ml/h): odds ratio (OR) 1.4; intervalo de confianza al 95% (IC 95%) (1.1-1.6); ($p < 0.0001$). Si el grado de infradosificación respecto a la FL era de al menos 600 mg/día, estas diferencias se hacían más significativas: (153.8 $\pm$ 29 ml/hora): OR 1.6, IC 95% (1.3-2.0); $p < 0.0001$.

Relación concentraciones plasmáticas de Ribavirina al mes de biterapia y tasas de respuesta

La mediana de la C_{valle} de Ribavirina en la semana 4 fue de 1.86 (1.53-2.43) µg/ml. Alcanzaron la RVS el 52.5 % de los pacientes: genotipo CC (56 %) frente CT/TT (44%). De los 48 pacientes que no se curaron, la mayoría tenían un genotipo desfavorable (CT/TT: 79 %): OR (Odds Ratio) 1.7, intervalo de confianza (IC) al 95% (1.3-2.5); $p < 0.0001$. Respondedores nulos: 7/99 (7.1 %), respondedores parciales: 12/99 (12.1%), recidiva intratratamiento: 2/99 (2%) y recidivantes: 26/99 (26.3 %).

La tasa de RVR fue del 39%, siendo más frecuente en el genotipo

CC (61.5%) frente a CT/TT (38.5 %): OR 1.9, IC 95% (1.3-3.0); $p < 0.0001$.

Las tasas de curación fueron mayores en pacientes con menor fibrosis hepática (F0-F2: 44/70; 62.8%) frente a (F3-F4: 9/29; 31 %): OR 2.9, IC 95% (1.4-5.9); $p = 0.001$; siendo también mayores en sujetos no cirróticos (F0-F3: 46/78, 59 %) frente a F4 (5/21, 23.8 %): OR 4.7, IC 95% (1.7-13); $p = 0.001$.

Aunque, de forma global, mayores concentraciones plasmáticas de Ribavirina al mes de biterapia no se asociaron por poco ($p = 0.067$) a mayores tasas de RVS, cuando analizábamos exclusivamente los pacientes según el genotipo IL-28B, si observamos que los sujetos con genotipo IL-28B desfavorable (CT o TT) se curaban menos cuando se alcanzaban unas concentraciones plasmáticas de Ribavirina al mes de biterapia menores.

En la figura 16 se puede observar como los pacientes que tenían un genotipo de la Interleucina 28b desfavorable (CT o TT), si alcanzaban unas concentraciones plasmáticas de Ribavirina al mes de biterapia más bajas se curaban menos.

Figura 16. Diagrama de barras entre las concentraciones plasmáticas de Ribavirina y las tasas de RVS en genotipo IL-28B-CT/TT

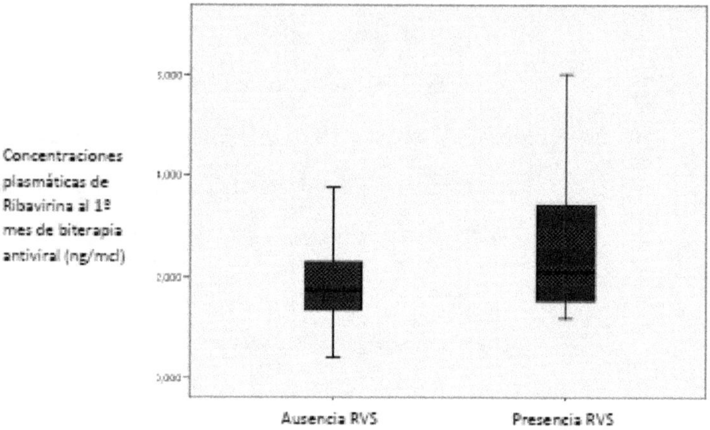

RVS (respuesta virológica sostenida); ng/mcl (nanogramo/microlitro)

Lo mismo ocurría en los pacientes con menor grado de fibrosis hepática (F0-F2), menor inflamación (A0-A1) , en aquellos sin resistencia insulínica (HOMA-IR < 2), una edad menor de 40 años, cuando el grado de infradosificación respecto a la fórmula de Lindahl (FL) era de al menos 600 mg/día, así cuando el incremento del VCM al 3° mes de biterapia era inferior a 6 fl, o si el pH urinario al 1° mes de biterapia era menor de6. El único factor de los anteriores asociado a mayores tasas de RVR si el paciente alcanzaba mayores concentraciones plasmáticas de Ribavirina fue una edad menor de 40 años.

También se asociaron a mayores tasas de curación si el paciente presentaba anemia (Hb < 10 g/dl), evento que ocurrió en 58.5%, independientemente del genotipo IL-28B que tuviera, siendo crucial que los genotipos desfavorables de la IL-28B desarrollaran anemia para que alcanzaran la RVR: presencia RVR en genotipo CT/TT (13/15: 86.7%) frente a ausencia RVR (25/45: 55.6%); OR 5.2, IC 95% (1.0-25.7); p =0.03, algo que no era significativo para genotipo CC.

El tipo de respuesta obtenida también estuvo condicionada por el grado de infradosificación respecto a la FL: 71.4 % de los respondedores nulos estaban infradosificados respecto a la FL al menos en 600 mg/día, encontrándose correctamente dosificados sólo un 28.6%. Sólo un 25% de los respondedores parciales estaban correctamente dosificados respecto a lo que establecía la FL, mientras que los recidivantes tan sólo un 11% estaban correctamente dosificados, encontrándose infradosificados 400 mg/día (48%) y 600 mg/día (41%): (p < 0.0001).

En la figura 17 se expone la curva COR resultante entre las concentraciones plasmáticas de Ribavirina al alcanzar el 1° mes de biterapia y las tasas de respuesta virológica sostenida (RVS). El mejor punto de corte de C_{valle} de Ribavirina en semana 4 que discriminaba entre RVS y ausencia de curación fue de 1.95 μg/ml, con un 60% de sensibilidad y una tasa de falsos positivos (1-especificidad del 33%), área bajo la curva = 0.63, $p < 0.05$, mientras que para el desarrollo de anemia fue de 1.85 μg/ml, con un 63% de sensibilidad y una tasa de falsos positivos del 33%, área bajo la curva = 0.66, p =0.007.

Figura 17. Area bajo la curva de las concentraciones plasmáticas de Ribavirina al 1° mes de biterapia y las tasas de respuesta virológica sostenida (RVS).

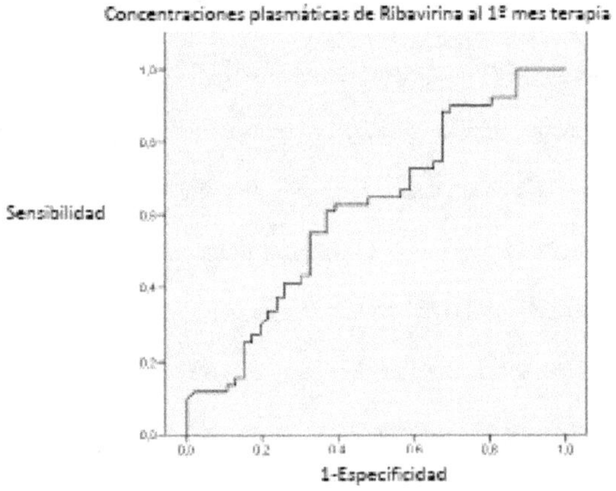

6.9. CONCENTRACION PLASMÁTICA DE RIBAVIRINA Y RELACIÓN VOLUMEN CORPUSCULAR MEDIO ERITROCITARIO Y PH URINARIO

En la figura 18 podemos observar como aquellos sujetos con incrementos del VCM al 3º mes de biterapia de al menos 6 fentolitros se asociaron, no solamente a mayores concentraciones plasmáticas de Ribavirina, sino además a mayores tasas de anemia y RVS, encontrándose un coeficiente de correlación de Pearson de 0.53: ($p < 0.01$).

Figura 18. Correlación entre las concentraciones plasmáticas de Ribavirina al mes de biterapia y el incremento del volumen corpuscular medio eritrocitario a los 3 meses de biterapia.

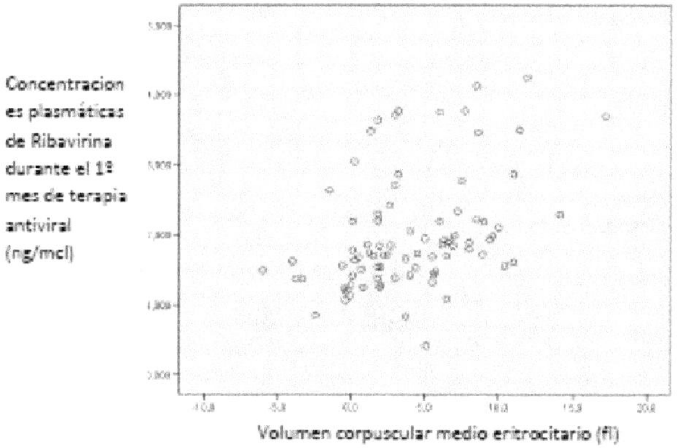

VCM (volumen corpuscular medio); fl (fentolitros); ng/mcl (nanogramos/microlitros)

Los pacientes que al 3° mes de biterapia presentaron un incremento del VCM mayor de 6 fentolitros, tanto si eran excluidos o no los tratados con Epoetina, se asociaron a mayores tasas de anemia (20/29: 69%) que aquellos con incrementos inferiores a 6 fentolitros (23/55: 41.8%): OR 3.1, IC 95% (1.2-8.0); p = 0.023. Si se analizaban todos los pacientes, la significación era aún mayor (p=0.001).

Sin embargo, aunque un pH urinario mayor de 6 al mes de biterapia estaba asociado a mayores concentraciones plasmáticas de Ribavirina al mes de terapia, tal como podemos ver en la figura 19, éste no se asoció a mayores tasas de anemia ni de respuesta virológica sostenida (RVS).

Figura 19. Diagrama de barras entre las concentraciones plasmáticas de Ribavirina al mes y el pH urinario al mes de terapia.

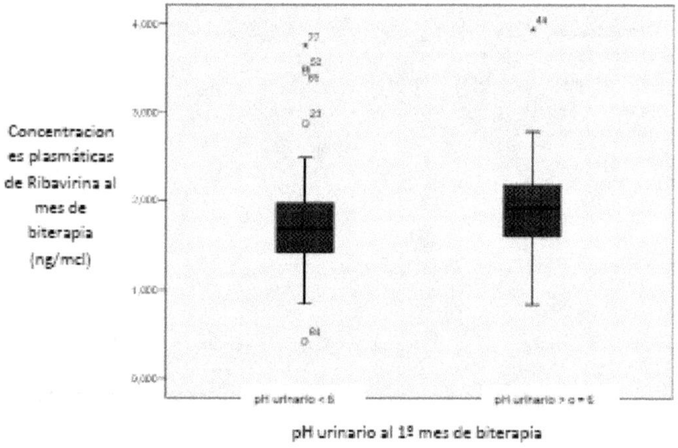

En la tabla 12 podemos observar cómo se curaron menos aquellos pacientes que presentaron un aclaramiento de creatinina mayor. Además, las concentraciones plasmáticas de Ribavirina alcanzadas al mes de biterapia fueron menores en los pacientes que tuvieron basalmente un aclaramiento de creatinina mayor de 140 ml/hora.

En los pacientes que tuvieron un genotipo de la IL-28B desfavorable (CT/TT), el tener unas concentraciones plasmáticas de Ribavirina menores se asoció a menores tasas de curación, algo que no se ponía de manifiesto en el genotipo CC.

Tabla 12. Análisis univariante entre las concentraciones plasmáticas Ribavirina y curación virológica

	RVS (n=52)	Ausencia RVS (n=47)	OR (IC 95%)	P
Aclaramiento de creatinina basal (CrCl), (mililitro/hora)	110 ± 25	132 ± 33	0.97 (0.95-0.99)	0.001
Concentraciones Ribavirina (ng/mcl) (Si CrCl basal > 140 ml/h)	3.0 ± 0.8	1.8 ± 0.7	5.3 (1.3-22.5)	0.022
Concentraciones plasma Ribavirin (ng/mcl)	2.3 ± 0.9	1.9 ± 0.8	1.5 (0.9-2.5)	0.073
Concentraciones plasma Ribavirina (ng/mcl) (Solo en genotipo IL-28B CT/TT)	2.5 ± 1.2	1.9 ± 0.8	1.7 (1.0-3.1)	0.05
CrCl basal < 116 ml/h (n = 43), n (%)	32 (61.5)	11 (23.4)	0.9 (0.5-1.7)	0.816
CrCl basal 116-139 ml/h (n = 35), n (%)	14 (26.9)	21 (44.7)	1.3 (0.4-4.1)	0.577
CrCl basal > 140 ml/h, (n = 21), n (%)	6 (11.5)	15 (31.9)	5.3 (1.3-22.5)	0.022
Concentraciones plasma Ribavirina (ng/mcl) (Solo si METAVIR F0-F2)	2.2 ± 1.0	1.6 ± 0.5	4.4 (1.4-13.4)	0.009
Concentraciones plasma Ribavirina (ng/mcl) (Si METAVIR A0-A1)	2.2 ± 0.8	1.7 ± 0.6	2.6 (1.1-6.5)	0.032
Concentraciones plasma Ribavirina (ng/mcl) (Si HOMA-IR < 2)	2.4 ± 1.1	1.7 ± 0.6	3.1 (1.0-10.2)	0.05
Edad < 40 years	2.5 ± 0.9	1.5 ± 0.6	6.3 (1.4-29.4)	0.02
Concentraciones plasma Ribavirina (ng/mcl) (Si grado de infradosificacion ≥ 600 mg/dia)	2.5 ± 0.8	1.8 ± 0.6	3.2 (1.0-9.9)	0.044
Concentraciones plasma Ribavirina (ng/mcl) (Si grado de infradosificación ≥ 400 mg/dia)	2.2 ± 1.1	1.9 ± 0.8	1.3 (0.6-3.0)	0.483
Concentraciones plasma Ribavirina (ng/mcl) (Si grado de infradosificación 200 mg/day o correcta dosificación)	2.2 ± 1.0	2.1 ± 1.3	1.1 (0.4-2.6)	0.834
Concentraciones plasma Ribavirina (ng/mcl) (Si incremento del VCM > 6 fl al 3° mes de terapia)	2.8 ± 1.1	2.2 ± 0.7	2.1 (1.0-4.8)	0.044
Concentraciones plasma Ribavirina (ng/µl) (Si increment del MCV > 8 fl al 3° mes de biterapia)	3.1 ± 1.1	2.3 ± 0.7	2.5 (1.0-7.0)	0.037
Presencia de anemia, n (%), (n = 58)	36 (69.2)	22 (46.8)	2.5 (1.1-5.6)	0.029
Presencia de anemia, n (%) (Sólo en METAVIR F0-F2) (n = 44)	33 (75)	11 (42.3)	4.1 (1.4-11.5)	0.006
Presencia de anemia, n (%) (Solo en genotipo IL-28B CT/TT) (n = 60)	20/23 (87)	18/37 (48.6)	7.0 (1.8-27.8)	0.003

Las variables categóricas se presentan como n (%) y valor de P.

Las variables continuas se expresan como media (desviación estándar) y su valor de P.

RVS (respuesta virológica sostenida); ausencia RVS (ausencia de RVS o curación virológica); CrCl (Aclaramiento de Creatinina); ml (mililitro); h (hora); HOMA-IR (Homeostasis model of assesment of insulin resistance);pg (picogramo); dl (decilitro); IL-28B (Genotipo de la Interleucina 28b); VCM (volumen corpuscular medio eritrocitario); IC (intervalo de confianza); OR (odds ratio), ng/ml (nanogramos/mililitro), fl (fentolitro).

En la tabla 13 exponemos los factores que encontramos asociados a la variable "concentraciones plasmáticas valle de Ribavirina al mes de biterapia", dependiendo del punto de corte analizado: (2; 2.5 y 3.0 ng/ml).

Podemos observar en ella como los varones alcanzaban unas concentraciones plasmáticas de Ribavirina al mes más bajas, así como si eran más altos. El aclaramiento de Creatinina y Ribavirina condicionaba las concentraciones plasmáticas de Ribavirina alcanzada también.

Fue un dato muy llamativo el encontrar que el grado de fibrosis se encontraba estrechamente relacionado con las concentraciones plasmáticas de Ribavirina alcanzada al mes de biterapia en los pacientes con menor grado de fibrosis (F0-F2), siendo menos relevante en los pacientes con mayor grado de fibrosis (F3-F4), lo que pone de manifiesto que los primeros eran los que más se podían beneficiar de alcanzar unas concentraciones plasmáticas de Ribavirina mayores, y por tanto, de monitorizar el pH urinario al mes y de los cambios de VCM al 3° mes de biterapia,

Tabla 13. Análisis univariante para 3 puntos de cortes de concentraciones plasmáticas de Ribavirina

Punto de corte de concentración plasmática de Ribavirina 2.0 ng/mcl al 1° mes de biterapia				
	≥ 2.0 ng/mcl (n=43)	< 2.0 ng/mcl (n=56)	OR (IC 95 %)	P
Varón, n (%)	23 (34.4)	44 (65.6)		
Mujer, n (%)	20 (62.5)	12 (37.5)	3.2 (1.3-7.7)	0.010
Altura (cm)	167.2 ± 9.8	171.4 ± 7.6	1.0 (1.0-1.0)	0.020
IMC (Kg/m²)	26.4 ± 6	26.7 ± 4	0.9 (0.9-1.0)	0.740
Aclaramiento Ribavirina (ml/h)	17.2 ± 4.2	18.5 ± 4.3	0.9 (0.8-1.0)	0.130
Aclaramiento Creatinina (ml/h)	116.1 ± 30.5	125.4 ± 31.6	0.9 (0.9-1.0)	0.150
pH urinario basal	5.86 ± 0.76	5.55 ± 0.70	1.8 (1.0-3.2)	0.040
Fibrosis hepatica (F0-F2), n (%)	25 (36.2)	44 (63.8)		
Fibrosis hepatica (F3-F4), n (%)	18 (60)	12 (40)	2.6 (1.0-6.3)	0.03
Hemoglobina basal (g/dl)	14.2 ± 1.2	15.3 ± 1.3	0.5 (0.3-0.7)	0.000
VCM basal (fl)	89 ± 7	91 ± 3	0.9 (0.9-1.0)	0.180
Genotipo IL-28B (CT or TT), n (%)	25 (53.1)	22 (46.9)		
Genotipo IL-28B (CC), n (%)	18 (34.6)	34 (65.4)	0.9 (0.4-2.1)	0.82
Incremento del VCM al 3° mes (fl)	6.0 ± 4.6	3.1 ± 3.8	1.1 (1.0-1.3)	0.004
pH urinario al 1° mes	6.21 ± 0.59	5.92 ± 0.58	2.2 (1.0-4.8)	0.045
Punto de corte de concentraciones plasmáticas de Ribavirina 2.5 ng/mcl al 1° mes de biterapia				
	≥ 2.5 ng/mcl (n=24)	< 2.5 ng/mcl (n=75)	OR (IC 95 %)	P
Ausencia de cirrosis, n (%)	14 (18)	64 (82)		
Cirrosis, n (%)	10 (47.6)	11 (52.4)	3.6 (1.3-10.4)	0.016
Fibrosis hepatica (F0-F2), n (%)	12 (17.4)	57 (82.6)		
Fibrosis hepatica (F3-F4), n (%)	12 (40)	18 (60)	3.2 (1.2-8.5)	0.022
Varon / Mujer, n (%)	11 (16.4) / 13 (41)	56 (83.6) / 19 (59)	3.5 (1.3-9.4)	0.012
Altura (cm)	165 ± 9	171 ± 8	1.0 (1.0-1.0)	0.007
HOMA-IR > 4 (Si / No), n (%)	10(41.6) / 14(18.6)	14 (58.4) / 61 (81.4)	3.0 (1.1-8.4)	0.031
Hemoglobina basal (g/dl)	14.1 ± 1.3	15.1 ± 1.3	0.6 (0.4-0.8)	0.005
Incremento del VCM al 3° mes (fl)	6.1 ± 4.9	3.6 ± 4.1	1.1 (1.0-1.3)	0.045
Incremento del VCM > 8 fl al 3° mes, (Si / No), n (%)	10 (40) / 14 (18.9)	15 (60) / 60 (81.1)	3.3 (1.0-10.3)	0.037

Punto de corte de concentraciones plasmaticas de Ribavirina 3.0 ng/mcl al 1° mes de biterapia				
	≥ 3.0 ng/mcl (n=19)	< 3.0 ng/mcl (n=80)	OR (IC 95 %)	P
Cirrosis (No / Si), n (%)	9 (11.7) / 10 (47.6)	68 (88.3) / 11 (52.4)	9.9 (2.7-36.4)	0.001
Fibrosis hepatica (F0-F2 / F3-F4), n (%)	9 (13) / 10 (33.3)	60 (87) / 20 (66.7)	3.4 (1.1-9.9)	0.027
HOMA-IR basal	5.3 ± 5.4	2.9 ± 3.1	1.1 (1.0-1.3)	0.04
Altura (cm)	163 ± 8	171 ± 8	1.0 (1.0-1.0)	0.002
HOMA-IR > 4 (Si / No), n (%)	9 (37.5) / 10 (13.3)	15 (62.5) / 65 (86.7)	3.8 (1.3-11.6)	0.013
Hemoglobina basal (g/dl)	14.1 ± 1.3	15.1 ± 1.3	0.6 (0.4-0.8)	0.021
Incremento del VCM (3° Mes) (fl) *	7.0 ± 5.0	3.6 ± 4.1	1.2 (1.0-1.4)	0.014
Incremento del VCM > 6 fl (3° Mes) * (Si / No), n (%)	11 (29.7) / 8 (13)	26 (70.3) / 54 (87)	3.6 (1.1-12.4)	0.039
Incremento VCM > 8 fl (3° mes) * (Si / No), n (%)	10 (38.4) / 9 (12)	16 (61.6) / 64 (88)	5.8 (1.7-20.4)	0.003
HOMA-IR 1° mes biterapia	5.5 ± 6.1	3.2 ± 2.5	1.2 (1.0-1.3)	0.032

ng/mcl (nanogramo/microlitro); HOMA (Homeostasis model assessment); cm (centímetro); VCM (volumen corpuscular medio eritrocitario); IMC (indice de masa corporal); kg (kilogramo); m (metro); ml/h (mililitro/hora); IL-28B (Genotipo de la Interleucina 28b); IC (intervalo de confianza).

En la tabla 14 se exponen las variables que resultaron estadísticamente significativas en el análisis de regresión logística multivariante relacionadas con cada uno de los puntos de cortes que seleccionamos para la variable "concentraciones plasmáticas de Ribavirina al 1° mes de biterapia".

Podemos observar como tanto el grado de fibrosis hepática como el incremento del volumen corpuscular medio eritrocitario (VCM) al 3° mes de biterapia son variables estadísticamente significativas relacionadas con las concentraciones plasmáticas de Ribavirina del 1° mes de biterapia, independientemente del punto de corte seleccionado para ésta última.

El pH urinario al mes de terapia también fue un factor significativo en el análisis multivariante cuando el punto de corte seleccionado es igual o superior a 2 nanogramos /microlitro.

Tabla 14. Análisis multivariante de los 3 niveles de concentraciones plasmáticas de Ribavirina

Punto de corte de concentraciones plasmáticas Ribavirina 2.0 ng/mcl en el 1° mes de biterapia		
	Odds Ratio (IC 95 %)	Valor de P
Sexo	0.9 (0.1-0.6)	0.010
Fibrosis Hepática (F0-F2 / F3-F4)	7.3 (1.1-46.8)	0.035
Reducción de la viremia al mes de biterapia respect a la basal (Log_{10} RNA-VHC)	0.5 (0.3-0.9)	0.016
Incremento del VCM al 3° mes de biterapia (fl) **	1.3 (1.1-1.6)	0.003
Punto de corte de concentraciones plasmáticas Ribavirina 2.5 ng/mcl al 1° mes de biterapia		
	Odds Ratio (IC 95 %)	Valor de P
Fibrosis hepática (METAVIR F0-F2 / F3-F4)	8.2 (2.0-33.7)	0.003
Incremento del VCM al 3° mes (fl) **	1.2 (1.0-1.4)	0.044
pH urinario > 6 al 1° mes de terapia	5.1 (1.3-20.7)	0.021
Punto de corte de concentraciones plasmáticas Ribavirina 3.0 ng/mcl al 1° mes de biterapia		
	Odds Ratio (IC 95 %)	Valor de P
Fibrosis hepática (METAVIR F0-F2 / F3-F4)	8.2 (2.0-33.7)	0.003
Incremento del VCM al 3° mes (fl) **	1.2 (1.0-1.4)	0.04
pH urinario > 6 al 1° mes	5.1 (1.3-20.7)	0.021

ng/mcl (nanogramo/microlitro); HOMA (Homeostasis model assessment); cm (centímetro); VCM (volumen corpuscular medio eritrocitario); IMC (índice de masa corporal); kg (kilogramo); m (metro); ml/ h (mililitro/hora); IL-28B (Genotipo de la Interleucina 28b); IC (intervalo de confianza); Log_{10} (logaritmo decimal), RNA-VHC (viremia o carga viral de la hepatitis C)

6.10. ANÁLISIS MULTIVARIANTE DEL MODELO PREDICTIVO: CURVA COR Y ÁREA BAJO LA CURVA

En la tabla 15 podemos ver los 2 modelos obtenidos en el análisis de regresión logística multivariante, que servirán para la selección de las variables empleadas en las diferentes escalas predictivas y la curva COR resultante, que se expone en la figura 20.

Figura 20. Curva COR del modelo predictivo para el diseño de la herramienta diagnósticas

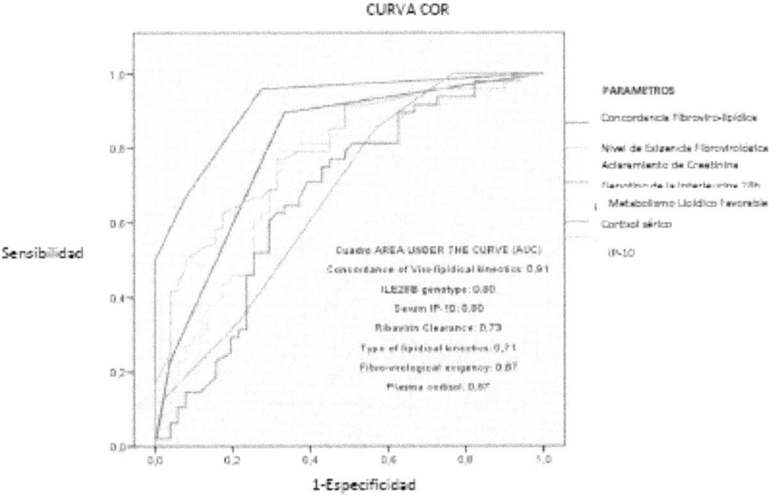

Concordance of viro-lipidical kinectics (presencia simultánea de respuesta virológica de la primera semana y metabolismo lipídico favorable); IL-28B (genotipo de la Interleucina 28b); serum (sérico); Ribavirin clearance (aclaramiento de Ribavirina); Type of lipidical kinectics (metabolismo lipídico favorable); Fibro-virological exigency (Nivel de Exigencia Fibro-virológico);

Tabla 15. Modelos multivariados asociados a la presencia de respuesta virológica sostenida

	MODELO 1		MODELO 2	
VARIABLES	Odds ratio (IC 95%)	Valor de P	Odds Ratio (IC 95%)	Valor de P
Presencia RVPS y MLF	91 (6-1432)	0.001	96 (5 - 1703)	0.002
Cortisol sérico basal (µg/dl)	1.4 (1.0 - 2.00)	0.032	1.52 (1.04 - 2.18)	0.031
Asignación a NEF bajo (NEF 1-3)	4 (1.1 - 15)	0.041	4.15 (1.0 - 16.79)	0.046
Aclaramiento de la creatinina (ml/h)	1.12 (1.03 - 1.21)	0.005		
IP-10 sérica (pg/ml)	1.02 (1.00 - 1.03)	0.014	1.02 (1.00-1.03)	0.015
Genotipo CC de la Interleucina-28b	8 (1.1 - 60)	0.044	7.52 (1.03 - 55)	0.046
Presencia de Metabolismo Lipídico Favorable	78.3 (1.5 - 4016)	0.03	69 (1.31 - 3640)	0.036
Aclaramiento de la Ribavirina (ml/h)	-		2.4 (1.3 – 4.38)	0.006
Sensibilidad (%)	94.1		92.1	
Especificidad (%)	93.8		93.7	
Valor predictivo positivo (%)	94.1		94.0	
Valor predictivo negativo (%)	93.8		91.8	

RVPS (Respuesta virológica de la Primera Semana); MLF (metabolismo lipídico favorable); dl (decilitro); NEF (Nivel de Exigencia Fibro-virológica); ml/h (mililitro/hora); pg (picogramo).

En la tabla 16 mostramos la estructura de las 3 escalas predictivas. La "Escala Basal" se diseñó con 4 variables basales (cortisol e IP-10 plasmáticos, genotipo IL-28B y aclaramiento de creatinina), cuyos puntos de cortes se exponen en suplemento 2, así como las puntuaciones asignadas en función del valor de cada variable.

En la "Escala Virológica", cada paciente fue asignado a uno de los 5 Niveles de Exigencia Fibro-virológicos (NEF), en función de su grado de fibrosis hepática y viremia basal (CVB). Aquel que alcanzaba un valor RV1 igual o superior al establecido en su Nivel de Exigencia Fibro-virológica alcanzaría la Respuesta Virológica de la Primera Semana (RVPS), obteniendo una puntuación positiva, mientras que si ésta no era alcanzada, la puntuación obtenida era negativa.

Posteriormente nuestros pacientes fueron asignados a su correspondiente Nivel de Exigencia Lipídica (NEL), en función del grado de fibrosis hepática, viremia basal y valor del ratio de infectividad, de forma que si el valor de la variable mLDLc durante el 1° mes era al menos igual o superior al establecido en el Nivel de Exigencia Lipídica al que había sido asignado, dicho sujeto presentaría un Metabolismo Lipídico Favorable, obteniendo, así, una puntuación positiva, mientras que si era inferior al establecido, era puntuado negativamente.

Tabla 16. Escalas predictivas basal, virológica y lipídica basada en puntuaciones

PARTE 1: BASELINE SCALE	**PUNTUACIÓN PARTE 1** ☐
A) IP-10 SÉRICA	
a) SI IP-10 $\leq$ 409 pg / ml	(+2 puntos)
b) SI IP-10 = 410-699 pg / ml	(-1 punto)
c) SI IP-10 > 600 pg / ml	(-2 puntos)
B) GENOTIPO DE LA INTERLEUCINA-28B (ILE-28B)	
a) SI Genotipo ILE-28B (CC)	(+2 puntos)
b) SI Genotipo ILE-28B (CT o TT)	(-2 punto)
C) CORTISOL SÉRICO (microgramos/decilitro)	
a) SI Cortisol $\leq$ 12,9 microgramos / decilitro	(+1 puntos)
b) SI Cortisol = 13-17,9 microgramos/decilitro	(-1 punto)
c) SI Cortisol $\geq$ 18 microgramos/decilitro	(-2 puntos)
D) ACLARAMIENTO DE CREATININA	
a) SI Aclaramiento de creatinina $\leq$ 116,9 mililitro / hora	(+ 2 puntos)
b) SI Aclaramiento de creatinina = 118-139 mililitro / hora	(- 2 puntos)
c) SI Aclaramiento de creatinina $\geq$ 140 mililitro / hora	(- 4 puntos)
PARTE 2: VIROLOGIC SCALE	**PUNTUACIÓN PARTE 2** ☐
NIVELES DE EXIGENCIA FIBRO-VIROLÓGICA	
RV1 = máxima reducción de la carga viral (log_{10} UI / ml) al 3º día o 7º día de terapia antiviral. RVPS = Respuesta Virológica de la Primera Semana.	
<u>NIVEL 5:</u> CARGA VIRAL BASAL > 6 x 10^6 UI/ml)	
* SI RV1 < 2,5 log_{10} UI / ml respecto a la carga viral basal:	(- 5 puntos): RVPS
* SI RV1 $\geq$ 2,5 log_{10} UI / ml respecto a la carga viral basal:	(+ 5 puntos): Ausencia RVPS
<u>NIVEL 4:</u> CARGA VIRAL BASAL entre 5.999.999-3.000.000 UI/ml o F4 (CIRROSIS)	

* SI RV1 < 1,4 log_{10} UI / ml respecto a la carga viral basal: (- 6 puntos): RVPS

* SI RV1 ≥ 1,4 log_{10} UI / ml respecto a la carga viral basal: (+ 6 puntos): Ausencia RVPS

<u>NIVEL 3:</u> CARGA VIRAL BASAL entre 2.999.999 – 850.000 UI/ml y F0-F3 (AUSENCIA DE CIRROSIS)

* SI RV1 < 1,2 log_{10} UI / ml respecto a la carga viral basal: (- 4 puntos): RVPS

* SI RV1 ≥ 1,2 log_{10} UI / ml respecto a la carga viral basal: (+4 puntos): Ausencia RVPS

<u>NIVEL 2:</u> CARGA VIRAL BASAL entre 849.999 – 100.000 UI/ml y F0-F3 (AUSENCIA DE CIRROSIS)

* SI RV1 < 0,8 log_{10} UI / ml respecto a la carga viral basal: (- 4 puntos): RVPS

* SI RV1 ≥ 0,8 log_{10} UI / ml respecto a la carga viral basal: (+ 4 puntos): Ausencia RVPS

<u>NIVEL 1:</u> CARGA VIRAL BASAL < 100000 IU/ml y F0-F3 (AUSENCIA DE CIRROSIS)

* SI RV1 < 0,6 log_{10} UI / ml respecto a la carga viral basal: (- 4 puntos): RVPS

* SI RV1 ≥ 0,6 log_{10} UI / ml respecto a la carga viral basal: (+ 4 puntos): Ausencia RVPS

PARTE 3: LIPID SCALE

PUNTUACIÓN PARTE 3 ☐

NIVELES DE EXIGENCIA LIPÍDICA (NEL)

<u>NEL 5:</u> Este nivel se aplicará a pacientes con:

* CIRROSIS (F4) + RATIO DE INFECTIVIDAD ALTO (RI ≥ 3,2)

* AUSENCIA DE CIRROSIS + RATIO INFECTIVIDAD ALTO (RI ≥ 3,2) + CARGA VIRAL BASAL ≥ 3.000.000 UI/ml

A) Si el valor medio de LDL-c durante el 1º mes de terapia (mLDL-c) ≥ 110 mg/dl (+ 6 puntos): MLF

B) Si el valor medio de LDL-c durante el 1º mes de terapia (mLDL-c) < 110 mg/dl (- 6 puntos): Ausencia MLD

<u>NEL 4:</u> Este nivel se aplicará a pacientes con:

* CIRROSIS (F4) + Ratio de infectividad BAJO (RI < 3,2) + Carga viral basal < 3.000.000 UI / ml

* AUSENCIA DE CIRROSIS + Ratio infectividad BAJO (RI < 3,2) + Carga viral basal ≥ 3000000 UI / ml

A) Si el valor de mLDL-c es ≥ 106 mg/dl durante el 1º mes de terapia: (+ 4 puntos): MLF

B) Si el valor de mLDL-c es < 106 mg/dl durante el 1º mes de terapia: (- 4 puntos): Ausencia MLF

<u>NEL 3:</u> Este nivel se aplicará a pacientes con::

* FIBROSIS F0-F3 + Ratio de infectividad ALTO (RI ≥ 3,2) + Carga viral basal entre 2.999.999 -100.000 UI / ml

A) Si mLDL-c ≥ 80 mg/dl durante el 1º mes de terapia: (+ 3 puntos): MLF

B) Si mLDL-c < 80 mg/dl durante el 1º mes de terapia: (- 3 puntos): Ausencia MLF

NEL 2: Este nivel se aplicará a pacientes con:

*** FIBROSIS F0-F3 + Ratio de infectividad BAJO (RI < 3,2) + Carga viral basal entre 2.999.999 -100.000 UI / ml**

A) Si mLDL-c ≥ 65 mg/dl durante el 1º mes de terapia: **(+ 3 puntos): MLF**

B) Si mLDL-c < 65 mg/dl durante el 1º mes de terapia: **(- 3 puntos): Ausencia MLF**

NEL 1: Este nivel se aplicará a pacientes con:

*** FIBROSIS F0-F3 + Ratio de infectividad BAJO (RI < 3,2) + Carga viral basal < 100000 UI/ml)**

A) Si mLDL-c ≥ 46 mg/dl durante el 1º mes de terapia **(+ 2 puntos):MLF**

B) Si mLDL-c < 46 mg/dl durante el 1º mes de terapia **(- 2 puntos): Ausencia MLF**

MLF = Metabolismo Lipídico Favorable)

RI = Ratio de infectividad)

mLDLc = concentraciones medias de LDL-colesterol durante 1º mes (3º, 7º, 14º y 30º día de biterapia)

PARTE 4: TOMA DE DECISIONES PUNTUACIÓN TOTAL PARTES 1,2,3 ☐

Si la puntuación obtenida en ambas escalas (**ESCALA BASAL y ESCALA CINÉTICA**) está comprendida:

A) ENTRE (-4) y (-16) PUNTOS: SUSPENDER terapia al alcanzar la 1º SEMANA de terapia; *INICIAR TRIPLE TERAPIA*

B) **ENTRE (-3) y (+12) PUNTOS: MANTENER BITERAPIA** hasta el **1º mes de terapia**. **CALCULAR** puntuación de la **ESCALA LIPÍDICA:**

* Si la puntuación de las 3 ESCALAS entre (+10 punto) y (+17 puntos): MANTENER BITERAPIA (24 SEMANAS).

* Si la puntuación de las 3 ESCALAS entre (+1 punto) y (+9 puntos): MANTENER BITERAPIA (48 SEMANAS).

* Si la puntuación de las 3 ESCALAS entre (0 punto) y (-9 puntos): SUSPENDER biterapia. Iniciar TRIPLE TERAPIA de 1ª generación (BOCEPREVIR O TELAPREVIR).

* Si la puntuación de las 3 ESCALAS entre (-10 puntos) y (-20 puntos): SUSPENDER biterapia. Iniciar TRIPLE TERAPIA de 2ª generación (SIMEPREVIR O SOFOSBUVIR).

pg/ml (picogramos/mililitro); IL-28B (genotipo de la Interleucina 28b); RV1 (máxima reducción de la carga viral en $\log_{10}$ UI / ml al 3º día o 7º día de terapia antiviral); RVPS (Respuesta virológica de la Primera Semana); NEL (Nivel de Exigencia Lipídica); RI (ratio de infectividad); mLDLc (concentración plasmática media de lipoproteínas de baja densidad de colesterol durante el 1º mes de biterapia).MLF (metabolismo lipídico favorable); mg/dl (miligramo/decilitro).

6.11. DISEÑO DE HERRAMIENTA DIAGNÓSTICA

El rango de puntuaciones posibles en la primera escala (Baseline scale o Escala Basal) estaba comprendido entre +7 puntos y -10 puntos. El rango de puntuaciones posibles en la segunda escala predictiva (Virologic scale o Escala Virológica) estaba comprendido entre +5 y -5 puntos.

La suma de puntuaciones de estas 2 primeras escalas (Basal + Virológica) generaría la primera regla de parada, al establecer qué pacientes no se podrían curar con biterapia antiviral, lo que permitiría que se beneficiaran de suspenderla al final de la 1ª semana de tratamiento, lo que supondría un ahorro de recursos sanitarios y evitar someter al paciente a potenciales acontecimientos adversos relacionados directamente con la terapia antiviral y/o estimulantes de la médula ósea, así como potenciales visitas médicas.

Aquellos pacientes que conseguían superar la 1ª regla de parada, continuaban la biterapia antiviral hasta alcanzar la 4ª semana, siendo necesario determinar las concentraciones plasmáticas de triglicéridos, LDL-colesterol y HDL-colesterol en los días 14 y 30 de tratamiento, que unidos a los valores obtenidos en el día 3° y 7° de terapia, nos permitiría obtener las concentraciones plasmáticas medias durante el 1° mes de biterapia, para así determinar el valor del ratio de infectividad y el valor mLDLc (concentraciones plasmáticas medias de LDL-colesterol que había presentado dicho paciente durante el 1° mes de tratamiento).

Así conoceríamos si el paciente había alcanzado o no un Metabolismo Lipídico Favorable (MLF). Este dato generaría la 2ª regla de parada, definiendo qué pacientes podrían beneficiarse de suspender la biterapia al final de 1° mes de tratamiento (4° semana), la cual sería ineficaz para curarlos, evitando así costes y acontecimientos adversos potencialmente evitables.

Aquellos pacientes con puntuaciones positivas podrían continuar la biterapia durante 24 (biterapia reducida) o 48 semanas (biterapia estándar), dependiendo de que sus puntuaciones hubiesen sido muy positivas o no, respectivamente. En el primer de los supuestos, el paciente no sólo se beneficiaría de tener que evitar un 3° fármaco (triple terapia), sino que además se beneficiaría de un acortamiento de la duración de la terapia antiviral a la que tendría que ser sometido, generando de nuevo un ahorro potencial de recursos y evitar someter al paciente a acontecimientos adversos producidos por la triple terapia, lo que probablemente mejoraría la adherencia al tratamiento en estos pacientes.

6.11.1. SELECCIÓN DE VARIABLES Y PUNTOS DE CORTE

Para la Escala Basal o Baseline Scale seleccionamos 4 variables: IP-10 plasmática, cortisol plasmático, genotipo de la Interleucina 28b (IL-28B) y aclaramiento de creatinina. A continuación exponemos los puntos de cortes que seleccionamos para cada una de estas variables en sus respectivas curvas ROC resultantes.

Seleccionamos como punto de corte para la variable IP-10 basal los valores de 409.9 pg/ml y 600 pg/ml, con objeto de priorizar la detección de los pacientes que no se iban a curar con biterapia. Ambos tuvieron un valor de sensibilidad y 1-especificidad (tasas de falsos positivos) respectivamente, en el primer caso de 0.50 y 0.19, mientras que para el valor 600 pg/ml, fueron de 0.30 y 0.06.

En la figura 21 podemos observar la curva COR resultante para la variable IP-10 para predecir la ausencia de curación. En ella podemos observar un área bajo la curva (AUROC) de 0.73 con un intervalo de confianza al 95% (0.63-0.83); $p < 0.0001$.

Figura 21. Curva COR para la variable basal IP-10.

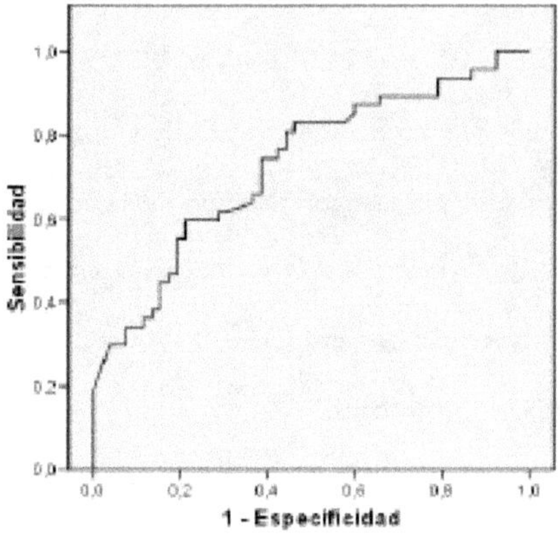

En la figura 22 podemos observar el diagrama de barras comparativo para el punto de corte inferior seleccionado de la curva COR de la variable IP-10 de 409.9 picogramos/mililitro o menos, como predominan en él los pacientes que consiguen alcanzar la curación.

Figura 22. Diagrama de barras para IP-10 menor de 409.9 picogramos/mililitros

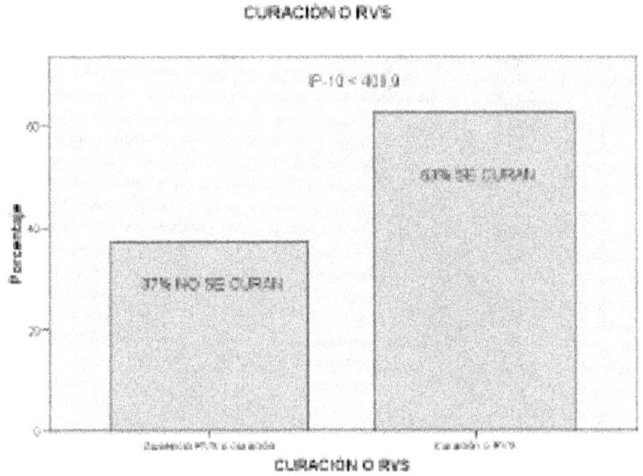

RVS (respuesta virológica sostenida)

Sin embargo, como podemos ver en la figura 23, para el punto de corte IP-10 > 600 pg/ml de la Escala Basal, condición que cumplían 16 pacientes, la mayoría no conseguían curarse (14/16; 87,5%) frente a 2/16, que conseguían curarse (12,5%), lo que indica una inversión de la tendencia evidenciada en la figura previa.

Figura 23. Diagrama de cajas comparativo entre las tasas de RVS para el punto de corte de IP-10 mayor de 600 picogramos/mililitro.

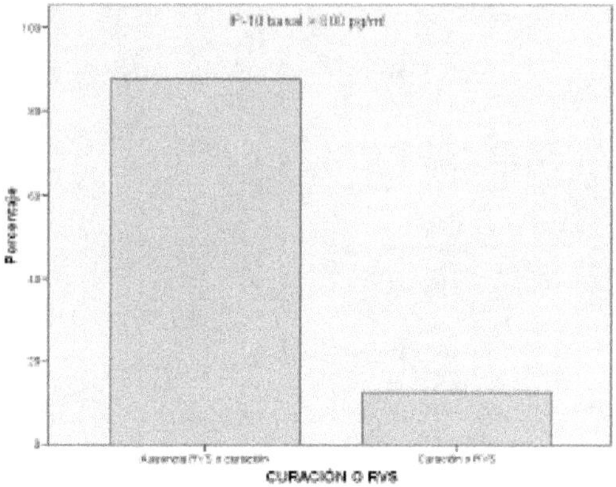

pg/ml (picogramos/mililitro); RVS (respuesta virológica sostenida).

A continuación en la tabla 17 exponemos los puntos de corte para la variable IP-10 con sus características de sensibilidad y 1-especificidad.

Tabla 17. Curva COR para la variable IP-10.

PUNTO DE CORTE IP-10 (pg/ml)	Sensibilidad NO CURACIÓN	1-Especificidad	IC 95 %	AUROC (Valor de P)
< 409,9	0,51	0,19	0,63-0,83	0,73 (p<0,0001)
410-599	0,62	0,15		
≥600	0.30	0.06		

pg/ml (picogramo/mililitro); IC (intervalo de confianza); AUROC (Área bajo la curva).

En la figura 24 podemos ver la curva COR de la variable genotipo de la Interleucina 28B (IL-28B) para predecir la ausencia de curación virológica. La curva ROC resultante para la predicción de ausencia de RVS por la variable presencia de genotipo desfavorable (CT o TT) de la Interleucina 28b (IL-28B) tuvo un AUROC de 0.753 con un intervalo de confianza (0.65-0.85); p < 0.0001.

Figura 24. Curva COR para la variable genotipo IL-28B

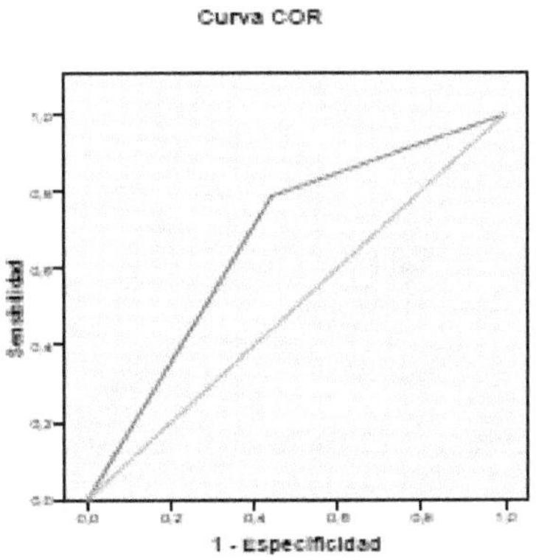

Por otro lado, en la figura 25 podemos observar como la presencia de un genotipo IL-28B favorable (CC) se asociaron a mayores tasas de tasas de curación (29/39; 74,4%), mientras que 10/39 (25,6%) no consiguieron curarse.

Figura 25. Diagrama de barras para la variable genotipo de la Interleucina 28b (IL-28B): genotipo CC frente a genotipos desfavorables (CT o TT).

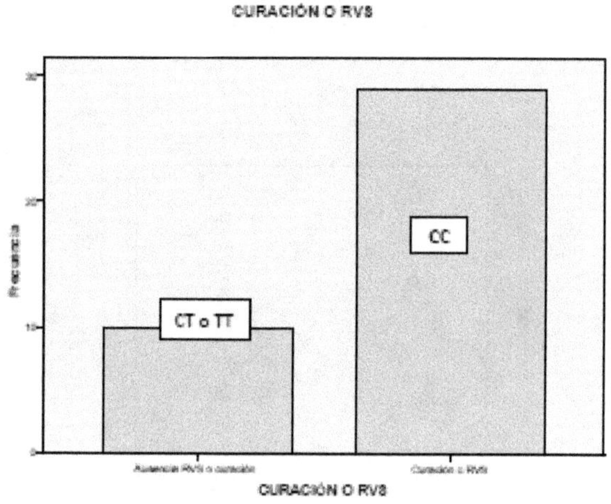

CC (Genotipo de la Interleucina 28b); CT o TT (genotipo de la Interleucina 28b CT o TT); RVS (respuesta virológica sostenida)

En la figura 26 presentamos la curva COR para la variable cortisol basal (mcg/ml) para predecir ausencia de curación. Su área bajo la curva fue de 0.67.

Figura 26. Curva COR para la variable cortisol basal

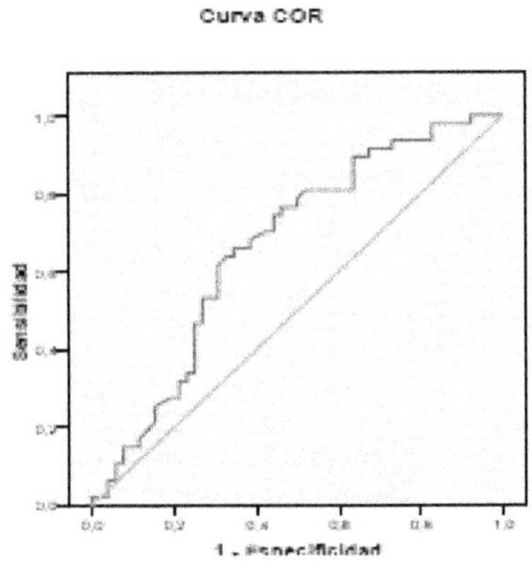

En la tabla 18, se pueden ver los 3 puntos de cortes seleccionados en la curva COR correspondiente a la variable cortisol basal, así como sus características.

Tabla 18. Curva COR para la variable cortisol basal.

PUNTO DE CORTE Cortisol (mcg/ml)	Sensibilidad NO CURACIÓN	1-Especificidad	IC 95%	AUROC (P –value)
≤ 12,9	0,36	0,32	0,56-0,77	0,67 (p<0,005)
13,0-17,9	0,57	0,25		
≥ 18	0,77	0,15		

mcg (microgramos); IC (intervalo de confianza); AUROC (área bajo la curva).

En la figura 27 se puede observar como los pacientes con cortisol basal inferior a 12.9 microgramos/decílitro se curaban más que aquellos que lo tenían más elevado.

Figura 27. Diagrama de barras correspondiente al punto de corte inferior de cortisol basal igual o inferior a 12,9 microgramos/mililitro

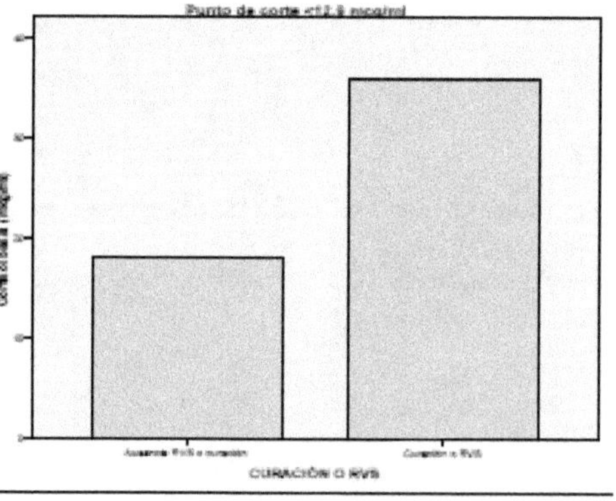

Mientras que aquellos pacientes que tenían un cortisol basal elevado (valor mayor de 18 microgramos/decílitro), se curaban menos que aquellos con un valor basal inferior a este punto de corte, tal como se puede observar en la figura 28: para el punto de corte >18 mcg/dl: (n=20): 12/20 de los pacientes (60%) no alcanzaron la curación frente a 8/20 (40%), que si se curaron.

Figura 28. Análisis para el punto corte cortisol > 18 mcg/dl

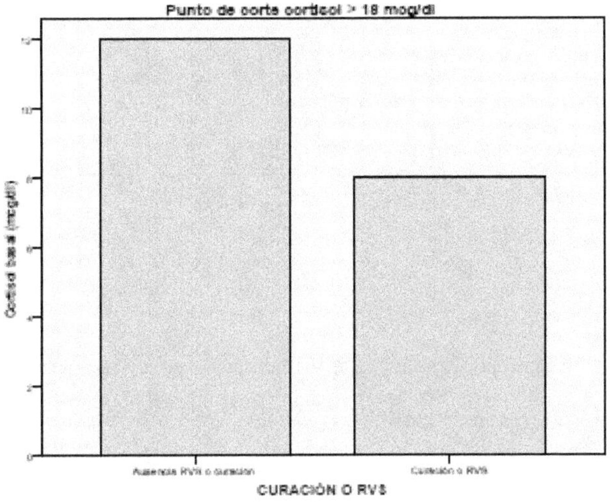

En la figura 29 se puede observar la curva ROC resultante para la variable aclaramiento de creatinina basal, con su AUROC resultante.

Figura 29. Curva COR para la variable aclaramiento de Creatinina

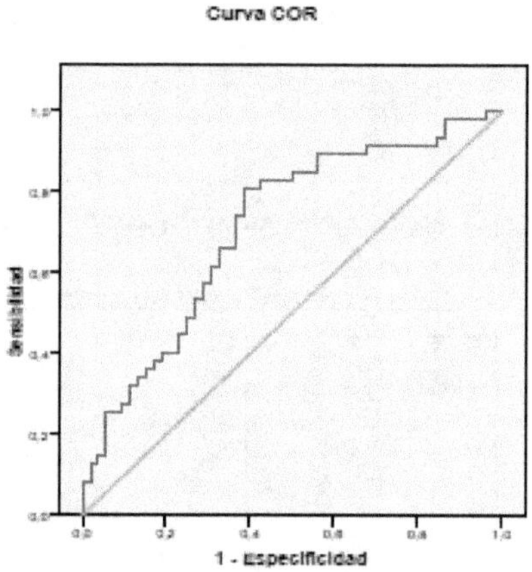

En la tabla 19 se exponen los puntos de corte seleccionados en la curva COR resultante para la variable aclaramiento de Creatinina, la cual presenta un área bajo la curva de 0.71.

Tabla 19. Selección de puntos de corte para la variable aclaramiento de creatinina de la Escala Basal de la curva COR.

PUNTO CORTE Aclaramiento de creatinina (ml/hora)	Sensibilidad NO CURACIÓN	1-Especificidad	IC 95%	AUROC (P –value)
≤ 115,9	0,22	0,36		
116-139	0,55	0,25	0,61-0,81	0,71 (p<0,0001)
≥ 140	0,70	0,11		

ml/h (mililitro/hora); IC (intervalo de confianza); AUROC (área bajo curva)

En la figura 30 se expone la influencia en las tasas de curación en el punto de corte aclaramiento de creatinina ≤ 115.9 ml/hora: 32/42 pacientes en este punto de corte se curaron (76,2%), mientras que 10/42 (23,8%) no se curaron.

Figura 30. Tasas de curación para aclaramiento de creatinina ≥ 115.9 ml/hora

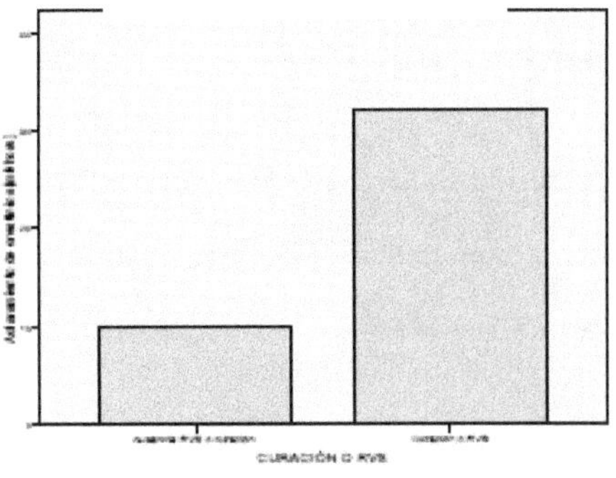

A continuación en la figura 31 mostramos los resultados con el otro punto de corte seleccionado (aclaramiento de creatinina ≥ 140 ml/hora): 15/21 pacientes (71,4%) no alcanzaron la curación, mientras que sólo 6/21 (28,6%) se curó en este punto de corte.

Figura 31. Tasas de curación en el punto de corte aclaramiento de creatinina ≥ 140 ml/hora:

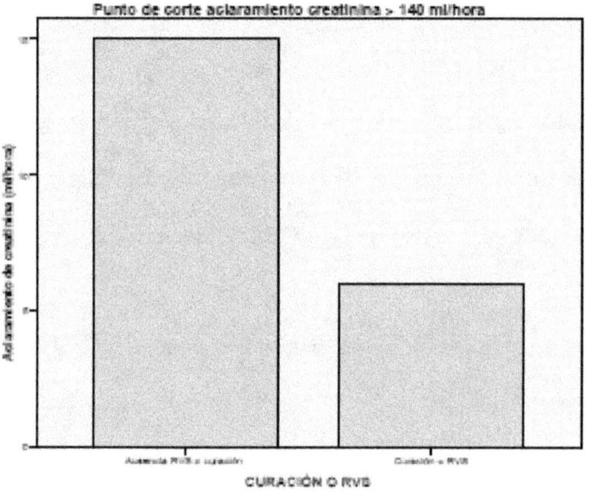

Para el diseño de la Escala Virológica o Virologic Scale, tuvimos en cuenta variables como la fibrosis hepática, en especial como impactaba en las tasas de RVS un grado de fibrosis hepática avanzado (cirrosis hepática o F4).

Exponemos, a continuación, en la figura 32, la influencia que tuvo la presencia de cirrosis hepática sobre las tasas de curación o RVS: 4/21 pacientes cirróticos se curaron (19%) frente a 48/78 (61,5%) de los pacientes F0-F3 o no cirróticos.

Figura 32. Influencia de la presencia de cirrosis hepática (F4) sobre las tasas de curación.

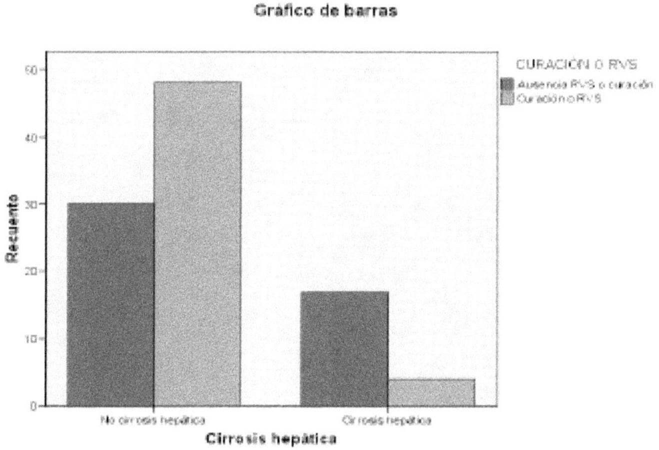

La otra variable que tuvimos en cuenta para el diseño de los 5 Niveles de Exigencia Fibro-virológicos, que conformarían la Escala Virológica fue la carga viral basal (CVB): en la figura 33 se puede observar como influyó en las tasas de curación una carga viral basal muy elevada mayor de 6 millones de unidades por mililitro.

Figura 33. Influencia del punto de corte de carga viral basal (CVB) ≥ 6000000 UI/ml en las tasas de curación, a tener en cuenta en el diseño Escala Virológica: 6/7 pacientes (86%) no se curaron.

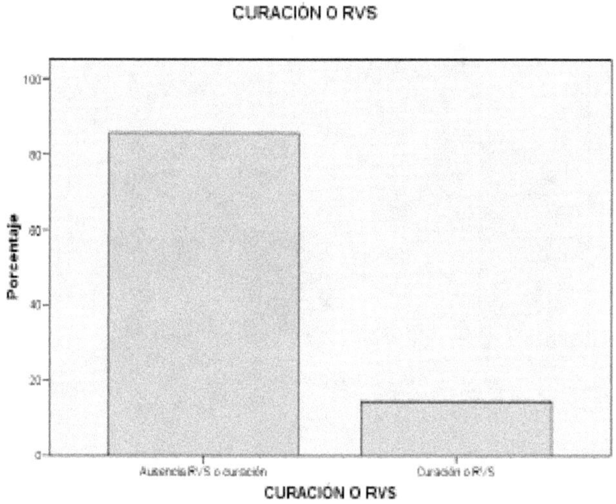

A continuación en la figura 34 se exponen la curva COR y AUROC para la variable RV1 (máxima reducción virémica alcanzada durante la 1ª semana de biterapia, bien al 3º día o 7º día) como predictor de RVS.

Figura 34. Curva COR para la variable RV1 (m máxima reducción virémica alcanzada durante la 1ª semana de biterapia, bien al 3º o 7º día).

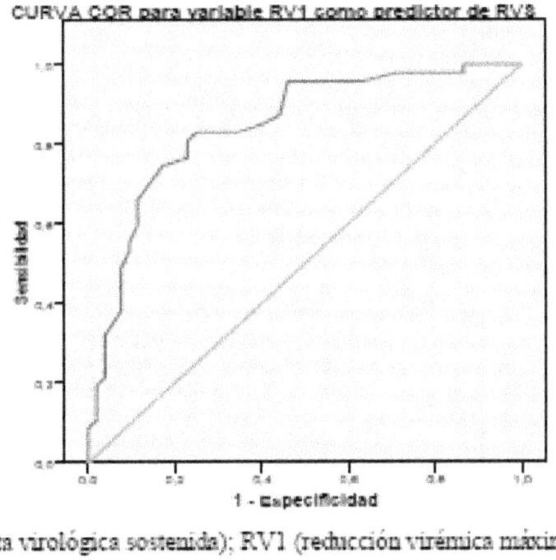

RVS (respuesta virológica sostenida); RV1 (reducción virémica máxima durante la 1ª semana terapia).

En la tabla 7 se establecieron los 5 niveles de exigencia fibro-virológicas existentes con sus correspondientes curvas COR para sus puntos de corte para la variable RV1.

Se diseñaron 5 Niveles de Exigencia Fibro-virológica (NEF). Para el NEF 5, se seleccionaron pacientes muy difíciles de curar a priori, que tenían una CVB mayor de 6000000 UI/ml, independientemente del grado de fibrosis hepática que tuvieran (cirrótico o no).

La curva COR resultante para la variable RV1 (máxima reducción virémica alcanzada durante la 1ª semana, bien al 3° día o 7° día de terapia antiviral, en el NEF 5 se presenta en la figura 35.

Figura 35. Curva COR para la variable RV1 en el Nivel de Exigencia Fibro-virológica 5 (NEF 5).

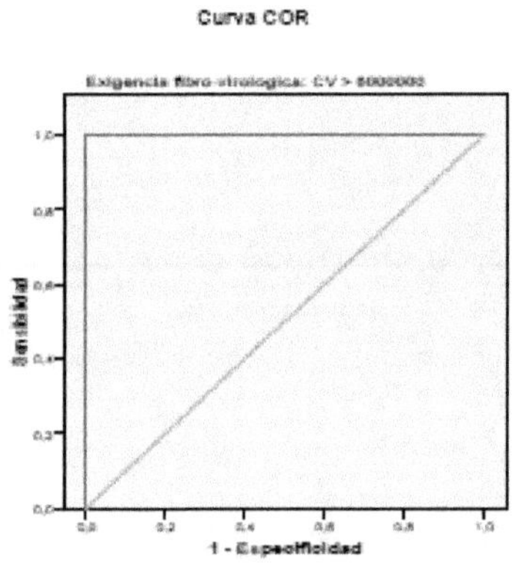

NEF (Nivel de Exigencia Fibro-virológica); RV1 (Reducción virémica máxima alcanzada durante 1ª semana de biterapia, bien al 3° o 7° día).

En la figura 36 y 37 presentamos las curvas ROC para la variable RV1 en pacientes que fueron asignados al Nivel de Exigencia Fibro-virológica 4, que eran aquellos que presentaban una carga viral basal comprendida en 5999999 UI/ml y 3000000 UI/ml (figura 36), o bien, se trataba de pacientes cirróticos (figura 37).

Figura 36: Curva COR para la variable RV1 en el Nivel de Exigencia Fibro-virológica 4, con viremia basal comprendida entre los 3 millones y 5999999 UI/ml.

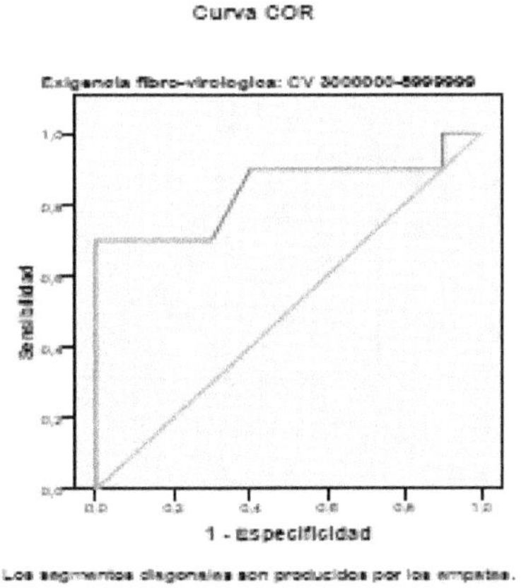

CV (carga viral)

En la figura 37 se expone la curva COR que resultó para los pacientes cirróticos que fueron asignados también al Nivel de Exigencia Fibro-virológica 4. Se trata también de pacientes más difíciles de curar a priori.

Figura 37. Curva COR para la variable RV1 en pacientes cirróticos pertenecientes al Nivel de Exigencia Fibro-virológica 4

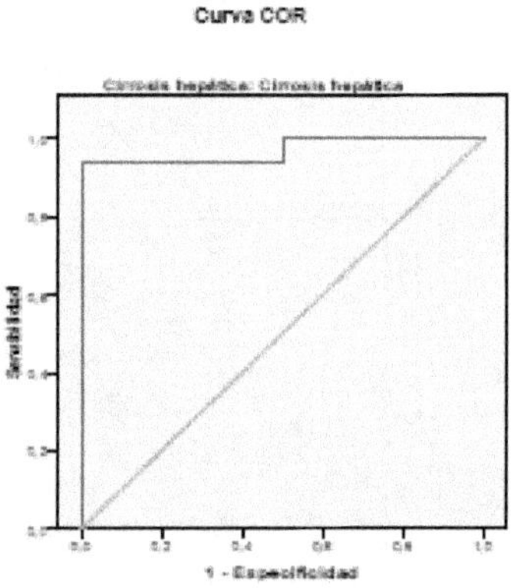

En la figura 38 presentamos la curva ROC resultante para la variable RV1 en el Nivel de Exigencia Fibro-virológica 3 (NEF 3), en la que se asignaron pacientes no cirróticos (F0-F3) con carga viral basal entre 2999999 UI/ml y 850000 UI/ml.

Figura 38. Curva COR para la variable RV1 en el Nivel de Exigencia Fibro-virológica 3

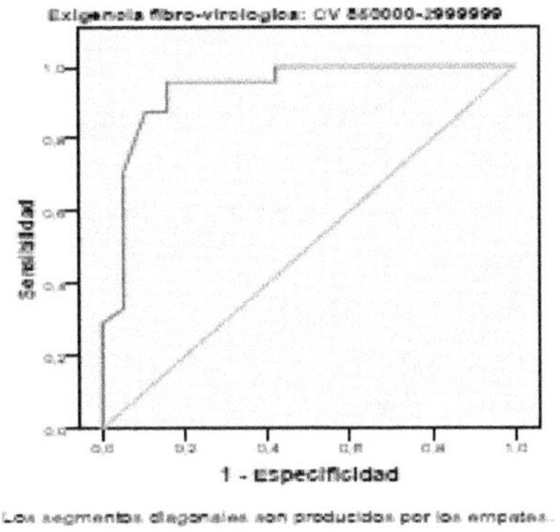

CV (carga viral basal); RV1 (reducción virémica máxima durante la 1° semana de biterapia).

En el Nivel de Exigencia Fibrovirológica 2 se asignaron los pacientes no cirróticos (F3-F0) con carga viral basal comprendida entre 850000 UI/ml y 100000 UI/ml. Aquí de forma significativa se incrementan las tasas de RVS respecto a los niveles fibrovirológicos más elevados, presentados anteriormente.

En la figura 39, se expone la curva COR resultante para la variable RV1 en el Nivel de Exigencia Fibro-virológica 2.

Figura 39. Curva COR para la variable RV1 en el Nivel de Exigencia Fibro-virológica 2.

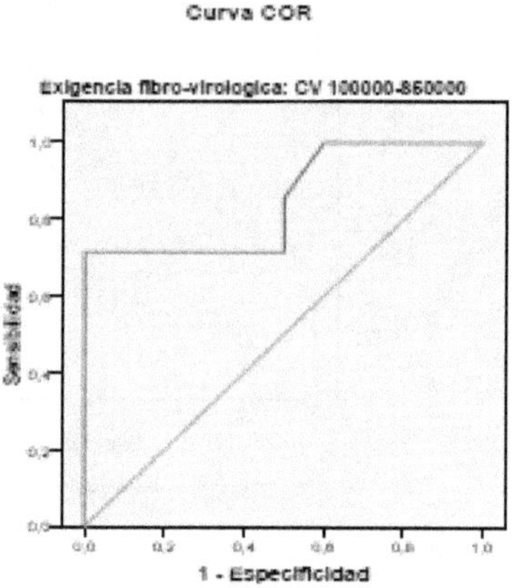

CV (carga viral basal).

La curva COR para la variable RV1 en el Nivel de Exigencia Fibro-virológico 1 no procede, ya que se curaron todos los pacientes, no siendo posible realizar esta estimación.

A continuación en la figura 40 presentamos la curva COR con AUROC de la variable Respuesta Virológica de la Primera Semana (RVPS) como predictor de la RVS: AUROC 0.89; IC 95% (0,81-0,96); $p < 0,0001$. Se trata de un potente predictor de RVS en un estadio muy precoz del tratamiento antiviral (1ª semana de biterapia)

Figura 40. Curva COR para la variable Respuesta Virológica de la Primera Semana (RVPS).

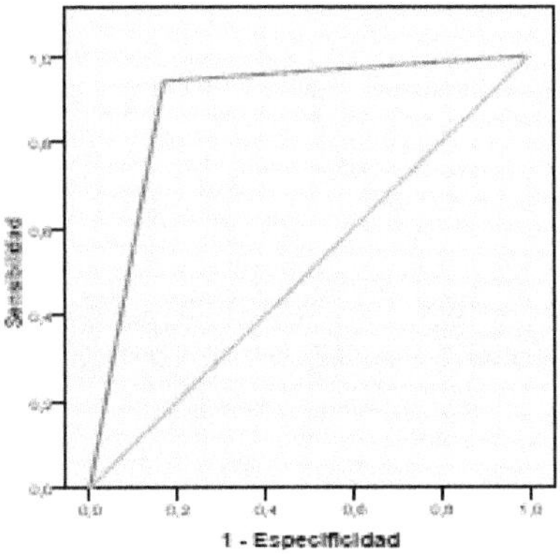

Los segmentos diagonales son producidos por los empates.

A continuación comentaremos los diferentes puntos de corte seleccionados para la variable mLDLc (concentraciones plasmáticas medias de LDL-colesterol durante el 1° mes de terapia antiviral, el cual se obtuvo de su determinación en los días 3°, 7°, 14° y 30° de tratamiento), en cada uno de los Niveles de Exigencia Lipídico (NEL) diseñados.

Las variables tenidas en cuenta para el diseño de los 5 NEL fueron el grado de fibrosis hepática (cirrosis hepática o no), carga viral basal (CVB) y el valor del ratio de infectividad superior o igual a 3,2 o inferior a 3,2.

De forma global, exponemos en la figura 41 la curva COR resultante para la variable concentraciones plasmáticas medias de lipoproteínas de baja densidad del colesterol durante el 1° mes de biterapia (mLDLc) para predecir la presencia de RVS.

Figura 41. Curva COR con AUROC de la variable LDL-colesterol media durante el 1° mes de terapia como predictor de RVS AUROC 0.65: IC 95% (0.53-0.76); p < 0,014.

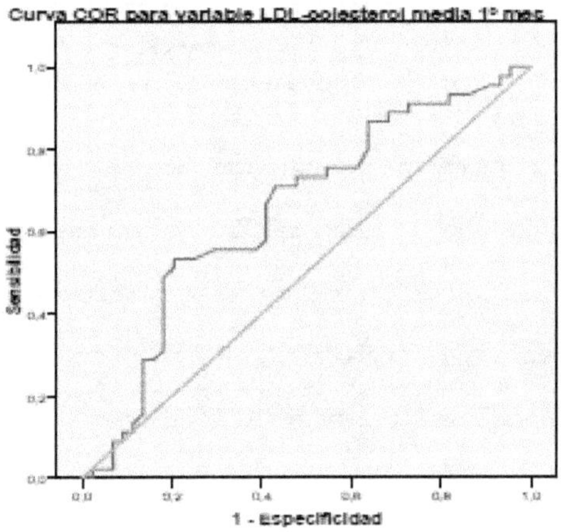

Los pacientes que pertenecían a los niveles de exigencia lipídica más elevados precisaban mayores concentraciones medias de LDL-colesterol.

En la tabla 20 se presentan los diferentes puntos de corte que seleccionamos en la curva COR de la variable mLDLc (concentraciones plasmáticas medias de LDL-colesterol durante el 1° mes de terapia) en los 5 Niveles de Exigencia Lipídica (NEL) que diseñamos para asignar a nuestros pacientes.

Tabla 20. Curvas COR para cada uno de los diferentes Niveles de Exigencia Lipídico (NEL).

NIVELES EXIGENCIA LIPÍDICA	AUROC	P VALUE	PUNTO CORTE LDL (mg/dl)	SENS/ 1-ESP RVS	CURADO/ NO CURADO
NEL 5	0,94	0,01	110	1,0 / 0,06	6 / 14
NEL 4	0,94	0,01	105	1,0 /0,06	3 / 17
NEL 3	0,73	0,017	85	0,85 / 0,50	13 / 30
NEL 2	0,70	0,05	65	0,95 / 0,78	20 / 14
NEL 1	NO PROCEDE		45		12 / 0

AUROC (Área bajo la curva); LDL (concentraciones plasmáticas medias de lipoproteínas de baja densidad de colesterol durante el 1° mes de biterapia); mg/dl (miligramos/decilitro); SENS (sensibilidad); ESP (especificidad).

Los pacientes que durante el 1° mes de terapia antiviral dual presentaron mayores concentraciones plasmáticas medias de LDL-colesterol alcanzaron mayores tasas de curación o RVS, tal como se puede ver en figura 42 (pacientes pertenecientes al NEL 2, que son pacientes no cirróticos, con CVB comprendida entre 850000 UI/ml y 100000 UI/ml).

Figura 42. Diagrama de cajas para la variable mLDLc de los pacientes curados frente a los no curados en el Nivel de Exigencia Lipídica 2.

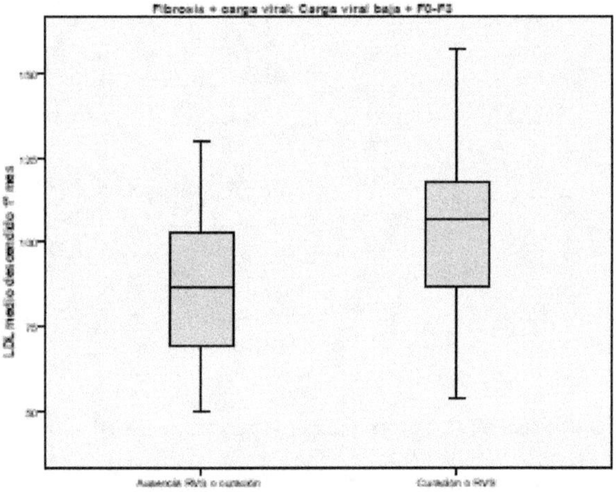

RVS (respuesta virológica sostenida); mLDLc (concentraciones plasmáticas medias de LDL-colesterol durante el 1° mes de biterapia); F0-F3 (ausencia de cirrosis).

En la figura 43 se presenta como se mantiene la misma tendencia de que se siguieran curando más aquellos pacientes no cirróticos (F0-F3) con carga viral basal (CVB) más elevada, comprendida entre 850000 UI/ml y 2999999 UI/ml, que conseguían mantener durante el 1° mes de terapia antiviral unas concentraciones plasmáticas medias de LDL-colesterol mayores.

Figura 43. Diagrama de barras para la variable mLDLc en el Nivel de Exigencia Lipídica 3 (NEL 3).

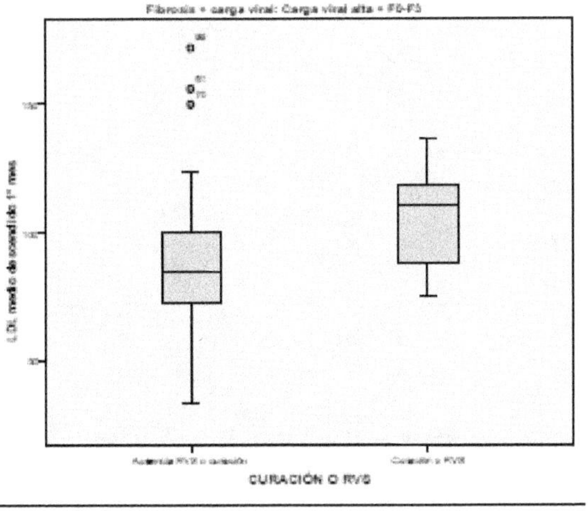

RVS (respuesta virológica sostenida);LDL (concentraciones plasmáticas medias de lipoproteínas de baja densidad de colesterol durante el 1° mes de biterapia).

Estas diferencias fueron más significativas en pacientes pertenecientes a los Niveles de Exigencia Lipídica elevados 4 y 5, que eran a los que se asignaban los pacientes cirróticos, tal como podemos ver en la figura 44.

Figura 44. Diagrama de barras para la variable mLDLc en pacientes cirróticos (NEL 4 y NEL 5).

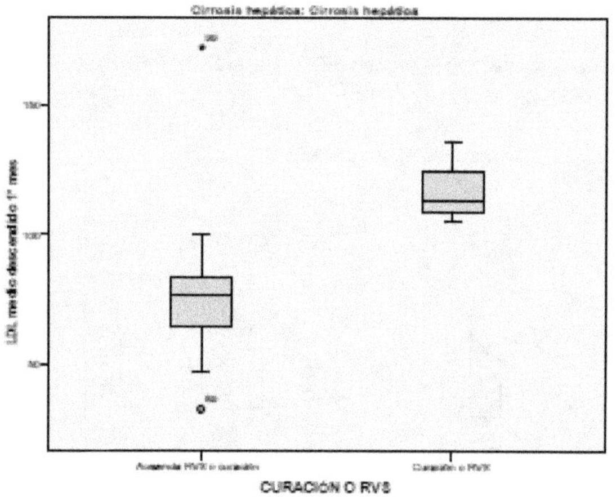

RVS (respuesta virológica sostenida); LDL (concentraciones plasmáticas medias durante el 1º mes de biterapia); NEL (Nivel de Exigencia Lipídica)

En la figura 45 se expone como los pacientes que tenían un genotipo CC de la Interleucina 28b si tenían un ratio de infectividad elevado, con un valor mayor de 3,2, se curaban menos, especialmente si se trataba de pacientes cirróticos, que eran los que eran asignados a los NEL 4 y 5..

Figura 45. Relación entre la variable ratio de infectividad durante el 1° mes de biterapia y tasas de curación en pacientes cirróticos con genotipo de la Interleucina 28b CC.

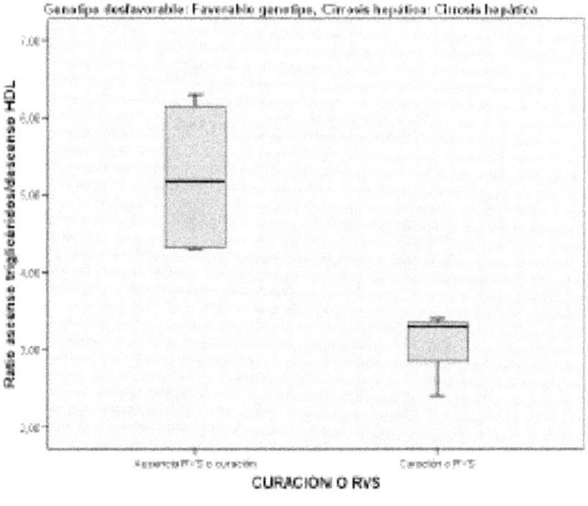

HDL (lipoproteínas de alta densidad de colesterol); RVS (respuesta virológica sostenida).

En la figura 46 podemos observar como se mantiene esta tendencia, incluso en pacientes no cirróticos (F0-F3) con genotipo CC de la Interleucina 28b: aquellos sujetos no cirróticos (F0-F3) con un ratio de infectividad elevado (RI $\geq$ 3.2), carga viral basal (CVB) > 3000000 UI/ml y presencia de un genotipo favorable de la Interleucina 28b (CC) se curaron menos.

Figura 46. Menores tasas de curación para los pacientes con un ratio de infectividad durante el 1° mes de biterapia elevado (RI > 3,2), a pesar de tener un genotipo CC de la Interleucina 28b.

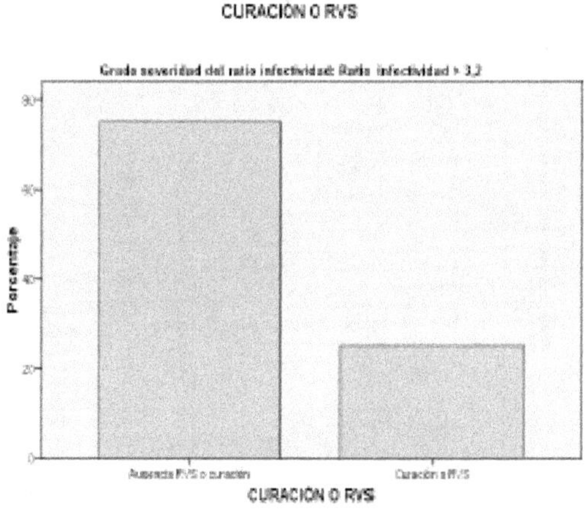

RVS (respuesta virológica sostenida);

A continuación en la figura 47 exponemos la curva ROC para la variable ratio de infectividad bajo (valor menor de 3.2) para predecir la presencia de RVS en los pacientes con genotipo favorable de la Interleucina 28b (CC):

Figura 47. Curva COR en genotipo CC para un ratio de infectividad bajo (RI < 3.2).

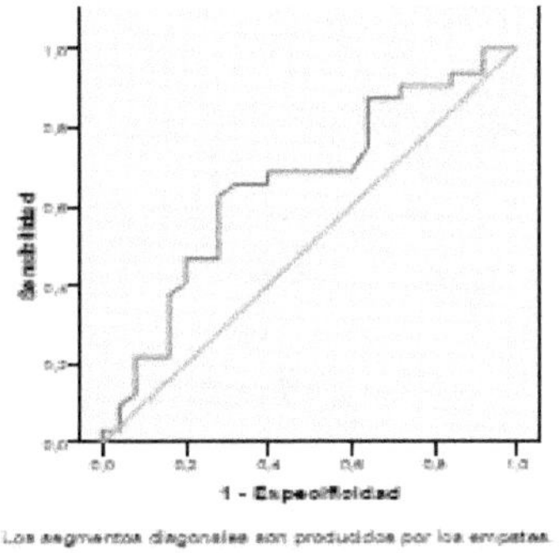

RI (ratio de infectividad).

En la figura 48 se puede observar la curva COR resultante para la variable mLDLc durante el 1° mes de biterapia para el Nivel de Exigencia Lipídico 5 (cirróticos con ratio de infectividad elevado).

Figura 48. Curva COR para la variable mLDLc en el Nivel de Exigencia Lipídico 5

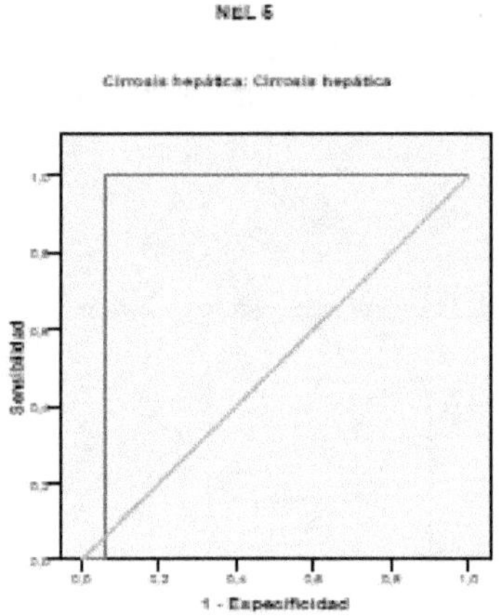

NEL (Nivel de Exigencia Lipídica)

En la figura 49 se expone la curva COR para la variable "concentraciones plasmáticas medias de lipoproteínas de baja densidad de colesterol durante el 1° mes de biterapia" (mLDLc) para el Nivel de Exigencia Lipídica 4 (cirróticos con ratio de infectividad bajo). Se trata de un subgrupo de pacientes, al igual que los pertenecientes al Nivel de Exigencia Lipídica 5, más difícil de curar a priori.

Figura 49. Curva COR para la variable mLDLc en el Nivel de Exigencia Lipídico 4.

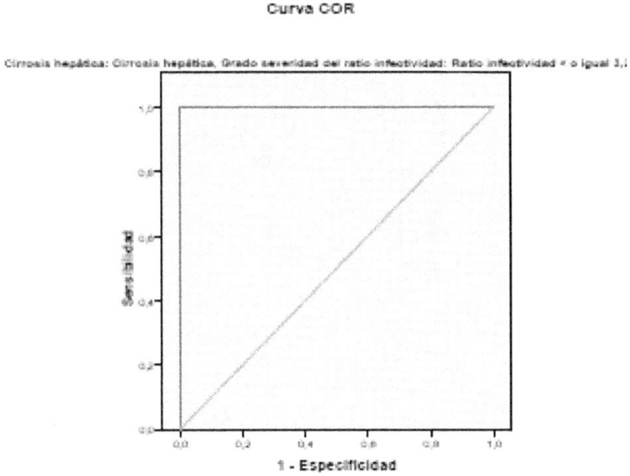

A continuación en la figura 50 exponemos la curva COR para la variable "concentraciones plasmáticas medias de lipoproteínas de baja densidad de colesterol durante el 1° mes de biterapia" (mLDLc) para los Niveles de Exigencia Lipídica 3. Se trata de un Nivel de Exigencia Lipídica en el que las tasas de RVS comienzan a incrementarse conforme descendemos de nivel.

Figura 50. Curva COR para la variable "concentraciones plasmáticas medias de LDL-colesterol durante el 1° mes de biterapia (mLDL) en el Nivel de Exigencia Lipídica 3

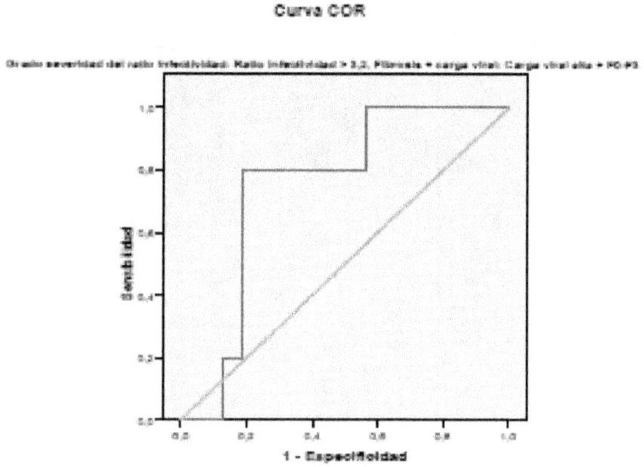

F0-F3 (ausencia de cirrosis hepática)

En la figura 50 exponemos la curva COR para la variable "concentraciones plasmáticas medias de lipoproteínas de baja densidad de colesterol durante el 1° mes de biterapia" (mLDLc) para los Niveles de Exigencia Lipídica 2. No procede diseño curva ROC, al haberse curado todos los pacientes pertenecientes al Nivel de Exigencia Lipídica 1.

Figura 51. Curva COR para la variable mLDL en el Nivel de Exigencia Lipídica 2.

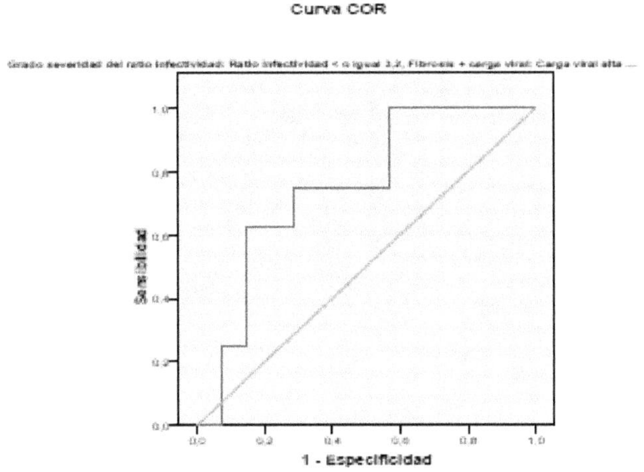

En la figura 52 vamos a mostrar la curva COR y AUROC correspondiente a la variable presencia de un Metabolismo Lipídico Favorable (MLF) como predictor de curación virológica, siempre que el paciente hubiera conseguido mantener las concentraciones plasmáticas medias de LDL-colesterol durante el 1° mes de biterapia exigidas para el Nivel de Exigencia Lipídica al que pertenecía: AUROC 0.73; IC 95% (0.63-0.83); $p < 0.0001$.

Figura 52. Curva COR para la variable Metabolismo Lipídico Favorable (MLF).

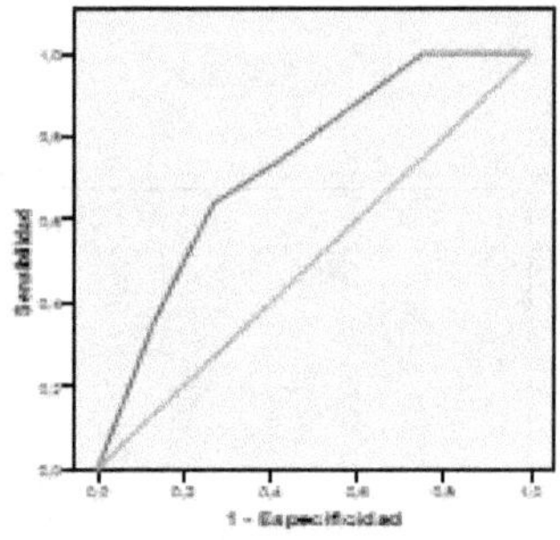

Los segmentos diagonales son producidos por los empates.

6.11.2. ASIGNACIÓN DE PUNTUACIONES

En la tabla 16 se expuso como fue la distribución de asignación de puntuaciones para cada una de las variables que fueron seleccionadas para el diseño de las 3 escalas predictivas.

La escala basal o Baseline Scale, que usaba 4 variables basales, tenía un rango de puntuaciones máximo comprendido entre +7 puntos y -10 puntos.

Dado que los pacientes que tenían una IP-10 basal más elevada se curaban menos, pues los pacientes con un valor superior a 600 pg/ml recibirían la puntuación más negativa, mientras que si era inferior a 409.9 pg/ml, serían puntuados positivamente con + 2 puntos.

Lo mismo ocurría con las variables cortisol y aclaramiento de creatinina basales, de forma que los pacientes que tenían valores elevados, al estar asociados a peores tasas de RVS, se le asignaba puntuaciones negativas, que eran máximas si el cortisol basal era mayor de 18 microgramos/decilitro (-2 puntos) o si el aclaramiento de creatinina basal era superior a 140 ml/hora (-4 puntos).

El genotipo de la Interleucina 28b favorable (CC), dado que era un factor predictor independiente de buena respuesta, si el paciente lo presentaba era puntuado positivamente con +2 puntos.

Para el caso de la Escala Virológica o Virologic Scale (rango de puntuaciones comprendida entre -5 puntos y + 5 puntos), se diseñaron 5 niveles de exigencia fibro-virológica, de los cuales los niveles más elevados 5 y 4, incluían los pacientes más difíciles a priori de curar (cirróticos o con carga viral basal muy elevada, mayor de 3000000

UI/ml), por lo que si presentaban la Respuesta Virológica de la Primera Semana, al haber presentado bien al 3° o 7° día de terapia dual una reducción virémica máxima respecto a la basal igual o superior al valor exigido en el nivel de exigencia al que pertenecía dicho paciente, era puntuado con una puntuación de + 5 puntos, mientras que si esta respuesta no era alcanzada, se le puntuaba con -5 puntos.

Para el caso de los niveles de exigencia fibro-virológica más bajo (NEF 3,2 o 1), en los que eran asignados los pacientes no cirróticos o con carga viral inferior a 3000000 UI/ml, si alcanzaban la RVPS recibían una puntuación de +4 puntos, y si ésta no era obtenida durante la 1ª semana de terapia dual, la puntuación asignada sería negativa de -4 puntos.

En el caso de la Escala Lipídica o Lipid Scale (rango de puntuaciones comprendida entre -5 puntos y +5 puntos), también se diseñaron 5 Niveles de Exigencia Lipídica, siendo asignados los pacientes más difíciles de curar a los NEL elevados (4 o 5).

Si el paciente conseguía mantener unas concentraciones plasmáticas de LDL-colesterol durante el 1° mes de terapia al menos igual o superior al valor exigido (superiores a 100 mg/dl), estos paciente conseguían alcanzar un metabolismo lipídico favorable, asignándoles una puntuación positiva de + 4 o +5 puntos, que en el caso de pacientes pertenecientes a niveles de exigencia lipídica más bajos (3 y 2), la puntuación positiva asignada era menor (+3 puntos), siendo en el NEL 1 de sólo +2 puntos, por ser los pacientes con mayores posibilidades a priori de curarse. En caso contrario, se les asignaba una puntuación negativa, al no haber presentado un metabolismo lipídico favorable.

6.11.3. OBTENCIÓN DE PUNTUACIONES SEGÚN EL TIPO DE RESPUESTA

En la tabla 21 se puede observar los rangos de puntuaciones que obtuvieron los pacientes incluidos en nuestro estudio, y su distribución, dependiendo de si alcanzaban o no la RVS, estableciendo las diferencias entre pacientes recidivantes, respondedores parciales o nulos. El rango de puntuaciones que era posible obtener cuando se sumaban las 2 primeras escalas (Basal y Virológica) estaba comprendido entre +13 puntos y -15 puntos.

El rango de puntuaciones que era posible obtener cuando se sumaban las 3 escalas (Basal + Virológica + Lipídica) estaba comprendido entre +18 puntos y -20 puntos. La asociación de las puntuaciones de estas escalas fueron analizadas para ver su relación con las tasas de RVS, con objeto de valorar si podían ser empleadas para la generación de posibles reglas de parada.

6.11.4. PODER PREDICTIVO DEL MODELO

En la tabla 21 se puede observar el poder predictivo de cada una de las escalas predictivas, observándose como conforme se iban obteniendo las puntuaciones de los pacientes incluidos en el estudio en las diferentes escalas, las tasas de sensibilidad, especificidad y valor predictivo positivo (VPP) y negativo (VPN) se iban modificando, obteniéndose la máxima potencia predictiva cuando se calculaban las puntuaciones de las 3 escalas (basal, virológica y lipídica).

Mientras que sensibilidad de las 3 escalas era similar en torno al 90%, sin embargo se puede observar que la especificidad va incrementándose, pasando de un sensibilidad en la escala basal de casi un 80% a un 95.8% cuando se había obtenido las puntuaciones de las 3 escalas predictivas.

Lo mismo ocurría con las tasas de valor predictivo positivo (VPP) y negativo (VPN), que mientras que usando sólo las puntuaciones en la escala basal, la tasa de valor predictivo positivo era de 82.1%, ésta ascendía cuando empleábamos las 3 escalas hasta un 96%, siendo las tasas de valor predictivo negativo con las 3 escalas de un 92%.

Tabla 21. Puntuaciones y poder predictivo de las 3 escalas pronosticas en función del tipo de respuesta alcanzada

ESCALAS PREDICTIVAS	Presencia RVS	Ausencia RVS	IC 95%	Valor de P	Nulos	Parciales	Recidivantes
ESCALA BASAL Rango puntuaciones (+7)-(-10) puntos Sensibilidad 90.2% (Predicción incorrecta: 5) Especificidad 79.2% (Predicción incorrecta: 10) VPP 82.1% (Predicción incorrecta: 10) VPN 88.3% (Predicción incorrecta: 5)	3.0 ± 2.8	(-3.3 ± 2.9)	2.1 (1.6-2.9)	< 0.0001	(-4.8 ± 3.7)	(-2.5 ± 2.4)	(-2.9 ± 3.3)
PRIMERA REGLA DE PARADA ESCALA BASAL + ESCALA VIROLÓGICA Rango de puntuaciones (+13)-(-15) puntos Sensibilidad 91.7% (Predicción incorrecta: 5) Especificidad 94.1% (Predicción incorrecta: 3) VPP 92.3% (Predicción incorrecta: 4) VPN 93.6% (Predicción incorrecta: 3)	7.7 ± 3.7	(-6.2 ± 4.9)	1.6 (1.3-1.9)	< 0.0001	(-9.3 ± 3.6)	(-5.4 ± 5.1)	(-5.1 ± 6.2)
SEGUNDA REGLA DE PARADA ESCALA BASAL + ESCALA VIROLÓGICA + ESCALA LIPÍDICA Rango puntuaciones (+18)-(-20) puntos Sensibilidad 92.2 % (Predicción incorrecta: 4) Especificidad 95.8 % (Predicción incorrecta: 2) VPP 95.9 % (Predicción incorrecta: 2) VPN 92 % (Predicción incorrecta: 4)	10.4 ± 4.7	(-7.0 ± 6.0)	1.9 (1.3-2.9)	< 0.0001	(-12.6 ± 5.5)	(-6.6 ± 4.9)	(-5.5 ± 6.6)

VPP (valor predictivo positivo); VPN (valor predictivo negativo), RVS (respuesta virologica sostenida); IC (intervalo de confianza)

6.11.5. PRIMERA REGLA DE PARADA

Procedimos a realizar los cálculos de puntuaciones de las diferentes escalas predictivas de forma individualizada y observamos que aquellos pacientes que obtuvieron una puntuación suma en las "Escalas Basal" y "Virológica" negativa de (-4) puntos o más, ninguno de estos pacientes (25.2%) alcanzaron la RVS.

En base a ésto, generamos la 1ª regla de parada, que clasificaba a estos pacientes como de "riesgo elevado de fracaso terapéutico" (64.5% de los cirróticos). Éstos podrían haberse beneficiado de suspender la biterapia al final de la 1ª semana, siendo por tanto, candidatos a triple terapia.

6.11.6. SEGUNDA REGLA DE PARADA

Los restantes (74,8%), con una puntuación suma de ambas escalas comprendida entre (-3) puntos y cualquier puntuación positiva continuaron la biterapia hasta alcanzar el 1º mes, para la obtención del valor mLDLc (puntuación de la Escala Lipídica). Si la puntuación total obtenida con las 3 escalas era de 0 puntos o negativa (rango 0 a -20 puntos), observamos que ninguno de estos sujetos consiguió alcanzar la RVS (27.2%), por lo que podrían haberse beneficiado de suspender la biterapia al final del 1° mes (2ª regla de parada), siendo catalogados también como de "riesgo elevado de fracaso", mientras que si la puntuación obtenida era positiva (entre +1 y +18 puntos; 47,4% de nuestra muestra), la biterapia era suficiente para alcanzar la RVS en el 94% de ellos (riesgo bajo y medio de fracaso).

Alcanzaron puntuaciones muy positivas (al menos +10 puntos) en la suma de las 3 escalas en el 56.4% (22/39) de los pacientes con RVR, en el 62.5% (20/32) de los pacientes no cirróticos (F0-F3) que alcanzaron RVR y en 77.7% (14/18) de los sujetos con genotipo IL-28B-CC, no cirróticos, con CVB < 600000 UI/ml y que alcanzaron además una RVR, siendo significativamente menor el número de sujetos con puntuaciones muy positivas (≥ +10 puntos) si no habían alcanzado la RVR (8/60: 13.3%), o si aunque ésta hubiera sido alcanzada se trataba de un paciente cirrótico (1/7:14.2%).

Ningún paciente (0/13) obtuvo una puntuación mayor o igual a 10 puntos, si además de tener una cirrosis y un genotipo CT/TT, no conseguía alcanzar la RVR, pese a tener una CVB baja.

6.11.7. PROPUESTA DE ALGORTITMO TERAPEÚTICO

En base a los resultados obtenidos en nuestra cohorte de estimación, diseñamos una propuesta de algoritmo terapéutico que podría ser aplicado en la práctica clínica con los pacientes diagnosticados de hepatitis crónica C genotipo 1 (figura 53).

Los pacientes que habían obtenido una puntuación negativa de al menos -4 puntos al sumar la puntuación obtenida en las escalas basal y virológica, serían catalogados como "pacientes con riesgo elevado de fracaso terapéutico" con biterapia, por lo que gracias a la 1ª regla de parada, podrían beneficiarse de suspender el tratamiento al final de la 1ª semana, siendo candidatos a triple terapia antiviral.

Esto generaba un ahorro potencial de recursos sanitarios (terapia antiviral ineficaz, visitas médicas, empleo de Epoetina alfa y/o Filgastrim), así como de acontecimientos adversos.

Los pacientes que la puntuación obtenida en ambas escalas predictivas (basal + virológica) tenían una puntuación comprendida entre -3 puntos y +13 puntos, debían continuar la terapia antiviral dual para ver si podían curarse con ella, o era mejor suspenderla al final de la 4° semana, momento en el que obtendríamos la puntuación de la escala lipídica. Los pacientes que obtuvieran una puntuación positiva comprendida entre +1 punto y +18 puntos, podrían beneficiarse de realizar un regimen terapéutico dual, evitando los acontecimientos adversos relacionados con la triple terapia y el incremento de costes que supondría su empleo.

Además, aquellos pacientes que además de beneficiarse de sólo una biterapia, si la puntuación era al menos de +10 puntos o más (máximo +18 puntos) podrían beneficiarse de un acortamiento de la duración de la biterapia (24 semanas en lugar de las 48 semanas convencionales para el genotipo 1: "pacientes con bajo riesgo de fracaso terapéutico". Los demás pacientes que hubieran tenido una puntuación positiva con las 3 escalas comprendida entre +1 punto y +9 puntos, serían candidatos a terapia dual durante 48 semanas: "pacientes con riesgo medio de fracaso terapéutico".

Por el contrario, aquellos pacientes que la puntuación total de las 3 escalas era de 0 o negativa (rango de puntuaciones hasta -20 puntos) podrían beneficiarse de la 2ª regla de parada, permitiendo suspenderla al final de la 4ª semana, siendo considerados como "pacientes con alto riesgo de fracaso terapéutico".

Los pacientes que obtendrían una puntuación en la suma de las 3 escalas predictivas comprendida entre 0 y -9 puntos, serían candidatos a un regimen de triple terapia menos potente, basado en Telaprevir o

Boceprevir.

Sin embargo, los pacientes con las puntuaciones más negativas, con un rango comprendido entre -10 puntos y -20 puntos, serían candidatos a un regimen de triple terapia más potente, basado en el empleo de Sofosbuvir, Faldaprevir o Simeprevir.

A continuación en la figura 53 se expone el algoritmo terapéutico que proponemos, para que pueda ser aplicado en la práctica clínica como herramienta de ayuda a la toma de decisiones para pacientes con hepatitis crónica C genotipo 1.

Para su aplicación los pacientes tendrían que ser sometidos a un regimen de terapia dual durante al menos 1 semana, para valorar si se puede beneficiar de la primera regla de parada (cálculo de puntuaciones de las 2 primeras escalas, basal y virológica).

En otros casos será necesario tratarlos durante 3 semanas más para calcular la puntuación de la escala lipídica y ver si se puede beneficiarse de la 2ª regla de parada.

Figura 53. Propuesta de algoritmo terapéutico basado en puntuaciones de las 3 escalas predictivas de nuestra herramienta diagnóstica, así como los potenciales ahorros económicos que podría haber generado en nuestra muestra.

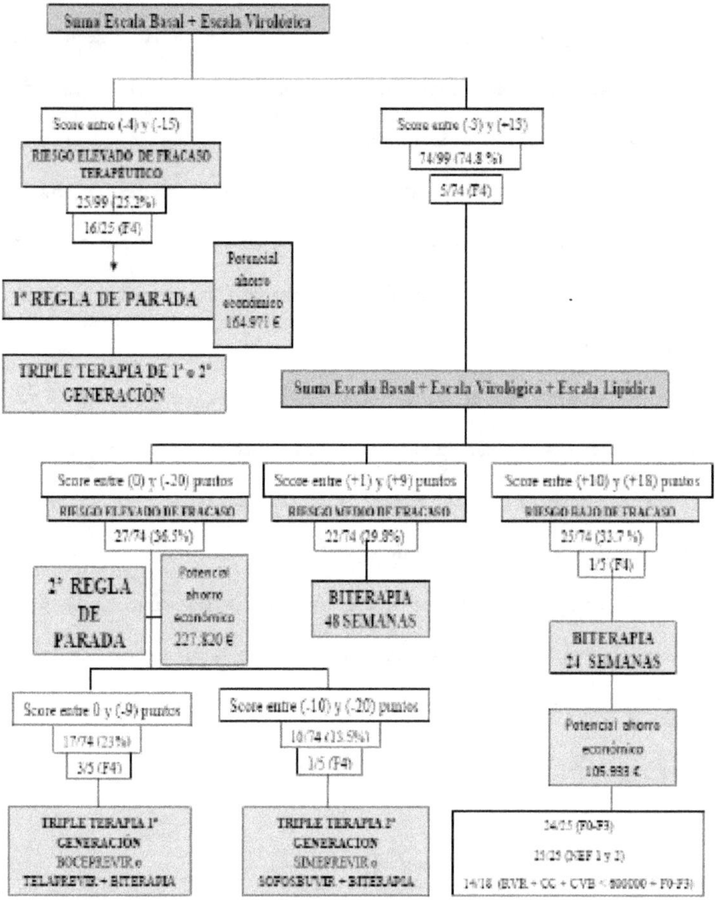

6.11.8. CALCULADORA EXCEL PARA TOMA DE DECISIONES

Diseñamos una calculadora Excel para la obtención automática de las puntuaciones de las 3 escalas predictivas. Primero de introducen los valores de las variables de la Escala Basal (IP-10 plasmática basal en picogramos/mililitro, cortisol basal plasmático en microgramos/decilitro, el genotipo de la Interleucina 28b (favorable o CC frente a desfavorable, CT o TT) y el valor de aclaramiento de creatinina basal en mililitro/minuto, el cual puede ser obtenido de la página web de la Sociedad Española de Nefrología. Para su determinación tendremos que saber edad, sexo, altura, peso y valor de creatinina.

A continuación para obtener la puntuación de la Escala Virológica (2ª escala predictiva), necesitaremos introducir la viremia basal en Unidades internacionales/mililitro, especificar si el paciente es cirrótico o no y como 3ª variable el valor de RV1 (la reducción virémica máxima alcanzada durante la 1ª semana de terapia dual en UI/ml respecto a la basal, bien al 3° o 7° día, resultante de la diferencia en logaritmo decimal máxima existente respecto a la carga viral basal.

Una vez introducidos todas las variables exigidas en las 1ª escala (Basal) y en la 2ª escala (Virológica), a la derecha aparecerá la primera regla de parada (First Futility Rule o Primera Regla de Parada).

Si el paciente tiene una puntuación en este momento comprendida entre -4 puntos y -14 puntos, la calculadora le indicará al clínico que suspenda biterapia, siendo el paciente candidato a triple terapia antiviral.

Si el paciente tuviera en esta primera regla de parada una puntuación comprendida entre -3 y +13 puntos, debería continuar la biterapia durante 3 semanas más para poder obtener las variables necesarias para calcular la puntuación de la 3ª escala (Escala Lipídica) de la calculadora.

Se calculará el ratio de infectividad. Para ellos tendremos que calcular las concentraciones plasmáticas medias de triglicéridos y HDL-colesterol, que se analizarían en los días 3°, 7°, 14° y 30° de terapia. El cociente de las concentraciones plasmáticas medias nos daría el ratio de infectividad con un decimal.

También calcularemos las concentraciones plasmáticas medias de LDL-colesterol durante el 1° mes de terapia (3°, 7°, 14° y 30° día de terapia) y su valor medio lo introduciremos también en la calculadora.

Habremos además observado que al introducir si el paciente era cirrótico y la viremia basal en la escala previa virológica aparecerá. Para obtener los resultados de las 3 escalas, una vez que hayamos introducido los valores, tendremos que picar en score de cada escala especificado como NO DATA.

Si el paciente obtiene una puntuación total de las 3 escalas de 0 o negativa (hasta -9 puntos) se indicará que se debe suspender la biterapia, siendo el paciente candidato a triple terapia de 1ª generación (Boceprevir o Telaprevir).

Si el paciente obtuviera una puntuación en la calculadora comprendida entre -10 puntos y -20 puntos, se especificará en la calculadora que se suspenda la biterapia, considerando que el paciente es candidato a triple terapia de 2ª generación (Sofosbuvir, Simeprevir o Faldaprevir).

Si la puntuación del paciente fuera positiva con rango comprendido entre +1 puntos y +9 puntos, la calculadora recomendará continuar con la biterapia durante 44 semanas más (regimen de 48 semanas), ya que se habría consumido ya 4 semanas de biterapia. Si por el contrario, la puntuación obtenida estaba comprendida entre +10 puntos y +18 puntos, también recomendará continuar con biterapia, pero esta vez reducida durante 20 semanas (regimen de 24 semanas de biterapia).

6.11.9. SOLICITUD DE PATENTE

La Oficina de Transferencia de Tecnología del Sistema Sanitario Público de Andalucía, en representación del Servicio Andaluz de Salud, ha tramitado una solicitud de patente para esta herramienta diagnostica en la Oficina Española de Patentes y Marcas de Madrid (España): solicitud nº P201330522 y referencia P-06315.

6.12. COSTES DIRECTOS GENERADOS POR LA TERAPIA

En la tabla 22 se van a exponer a continuación los diferentes costes reales empleados para tratar a los 99 pacientes de nuestro estudio en concepto de terapia antiviral, visitas médicas, empleo de Epoetina alfa (14 pacientes) y Filgastrim (6 pacientes). En ella se especifican el coste unitario, el coste medio generado por cada paciente y el coste total que se empleó.

Las fuentes empleadas para la obtención del coste unitario fue el Servicio de Documentación y Dirección Económica-Administrativa del Hospital Juan Ramón Jiménez de Huelva.

Tabla 22. Costes generados durante el tratamiento antiviral

	Coste unitario (€)	Coste medio (€) / paciente	Coste total (€)
Terapia antiviral 48 semanas	10116	7999 ± 2209	791883
Visitas médicas	175	1160 ± 385	111888
Epoetina alfa durante 4 semanas, (14 pacientes)	1576	5714 ± 5488	79998
Filgastrim durante 4 semanas, (6 pacientes)	274	1187 ± 1105	7127
Coste total (€) 48 emanas	-	16060 ± 9187	990896

€ (euros).

6.13. COSTES DE VARIABLES EMPLEADAS EN LA HERRAMIENTA

El coste por paciente para la obtención de las puntuaciones de las 3 escalas fue tan sólo de 160 €: 3.89 € (cortisol), 25 € (IP-10), 25 € (IL-28B), 0.21 € (aclaramiento de creatinina), 100 € (cargas virales 3° y 7° día) y 5.76 € (4 determinaciones LDL-colesterol, triglicéridos y HDL-colesterol).

6.14. CÁLCULOS DEL AHORRO POTENCIAL QUE GENERARÍA

El ahorro potencial generado con la 1ª y 2ª regla de parada, si éstas hubieran sido aplicadas, hubiera sido respectivamente, de 164,971 € (7,112 ± 4,527 €/paciente) y de 227,820 € (5,430 ± 6,990 €/paciente), lo que suponía un ahorro total en nuestra muestra (99 pacientes) de 392,791 €.

A esto habría que sumar el ahorro generado en aquellos sujetos que podrían haberse beneficiado de una biterapia reducida por haber obtenido una puntuación muy positiva (mayor de +10 puntos): (25.2%), excluyendo los pacientes cirróticos (1/25), pudiendo ser, por tanto, el ahorro total de 498,724 €.

Un 47.4% de nuestros pacientes se hubieran beneficiado de curarse sólo con biterapia, evitando el sobrecoste y los efectos secundarios presentes con la triple.

CAPÍTULO VII

DISCUSIÓN

7.1. APORTACIONES RELEVANTES DEL ESTUDIO

Los resultados de nuestro estudio permiten rechazar la hipótesis nula (objetivo principal). Las principales aportaciones de nuestro trabajo son las siguientes:

1. En nuestro estudio hemos visto que la biterapia antiviral sigue siendo igual de eficaz en algunos subgrupos que la triple terapia, siendo nuestros resultados similares a la de otros estudios, lo que valida, aún más, el algoritmo terapéutico actual de la AEMPS [87,88].
2. La posibilidad de contar en práctica clínica de una nueva herramienta diagnóstica de ayuda a la toma de decisiones para pacientes con hepatitis crónica C genotipo 1, basada en puntuaciones, que permite decidir cuál es la terapia antiviral más eficaz y costo-eficiente en fases muy precoces, al contar con un elevado poder predictivo (sensibilidad, especificidad, valor predictivo positivo y negativo superiores al 90%).
3. Hemos encontrado que la cinética viral de la 1ª semana de terapia antiviral (presencia de Respuesta Virológica de la Primera Semana) y la cinética lipídica durante el 1º mes de tratamiento (presencia de Metabolismo Lipídico Favorable) son predictores independientes de las RVS.

4. Hemos observado que en pacientes con genotipo desfavorable de la Interleucina 28b (CT o TT) es fundamental alcanzar mayores concentraciones plasmáticas de Ribavirina que en el genotipo CC, las cuales podremos monitorizar controlando los cambios en el volumen corpuscular medio durante el 1° trimestre de terapia y el cambio en el pH urinario al mes [84,131].
5. El cortisol constituye una variable independiente de RVS que no se ha publicado en estudios previos en pacientes con hepatitis crónica C genotipo 1.
6. La introducción de esta nueva herramienta diagnóstica permitiría un significativo ahorro económico de recursos sanitarios públicos, evitando además someter a los pacientes a acontecimientos adversos, mejorando el perfil de seguridad y eficacia de nuestros pacientes.
7. Es uno de los modelos predictivos de respuesta con mayor valor predictivo negativo. Este es un matiz diferencial clave respecto a otras herramientas pronósticas de respuesta publicadas en la literatura. Entre los modelos predictivos más relevantes, destacamos los de un grupo que incluyó variables como la IP-10, genotipo IL-

28B, presencia de RVR [164]. En otros se incluyeron variables como la IP-10, viremia basal (CVB) y el índice de masa corporal [165], destacando en coinfectados el "índice Prometheus", basado en 4 variables [166].

También destacamos árboles de decisión, en el que incluyeron factores como la esteatosis hepática, LDL-colesterol, edad, gammaglutamil transpeptidasa y glucosa basal [167], mientras que en otros la toma de decisiones giró en torno a exclusivamente variables genéticas (polimorfismos IL-28B y el polimorfismo genético Programmed Cell Death-1, PD-1) [168].

7.1.1. CINÉTICA VIRAL DE LA PRIMERA SEMANA DE TERAPIA

Registramos la caída máxima virémica alcanzada en 2 momentos muy precoces, cuyo registro es fundamental para estimar el grado de sensibilidad viral al interferón: el 3° día (cuando el interferón pegilado alfa-2a alcanza su máxima concentración) y al 7° día (antes de la 2ª dosis).

Observamos cómo la variable RV1 se encontraba estrechamente relacionada con el genotipo IL-28B [77], presencia de RVR, el grado de fibrosis y/o esteatosis hepáticas, así como el tipo de respuesta alcanzada (recidivante, parcial o nulo).

Para discriminar qué pacientes tenían una cinética viral favorable durante esta semana, diseñamos 5 Niveles de Exigencia Fibro-virológica (NEF), a los cuales eran asignados nuestros pacientes, en función de sus características basales (fibrosis y CVB).

Dependiendo de que fuese alcanzado o no el valor RV1 correspondiente al NEF al que había sido asignado, el paciente alcanzaría o no la RVPS, respuesta virológica de nueva creación dotada de una sensibilidad, especificidad, VPP y VPN elevados (94.2%, 82.9%, 85.9% y 92.8%), que la convierten en un predictor independiente de RVS muy potente con alto VPN, algo que se echaba de menos en variables predictivas como RVR o genotipo IL-28B [87,88], protagonistas insustituibles en los algoritmos terapéuticos validados.

El empleo de una 1ª dosis de inducción (PDI) respecto a la estándar no sirvió para discriminar mejor el grado de sensibilidad viral al interferón, lo que difiere de los resultados obtenidos en otros estudios [104]. La presencia de la RVPS, por si misma, independientemente de que se usara o no una primera dosis de inducción de interferón pegilado, mantenía su capacidad predictiva.

De los estudios que emplearon una primera dosis de inducción destacamos el realizado por Buti et al [104], donde el patrón cinético alcanzado durante las primeras horas era distinto, dependiendo del tipo de respuesta virológica alcanzada. Sin embargo, en nuestro estudio observamos que el poder predictivo no radicaba en emplear una primera dosis de inducción (PDI), sino en analizar la cinética viral, seleccionando la reducción virémica máxima alcanzada como momento de máxima sensibilidad viral al interferón.

En los regímenes terapéuticos basados en interferón, el grado de sensibilidad viral a dicho fármaco, va a seguir constituyendo un factor crítico. Destacamos, además de la biterapia, las combinaciones con inhibidores de la proteasa[148] (Telaprevir [150,152], Boceprevir [149,151], Faldaprevir o Simeprevir [153]), inhibidores de la NS5A (Daclastavir), o análogos nucleósidos inhibidores de la RNA polimerasa (Sofosbuvir [154]).

En todos estos casos, las posibilidades de curación pasan porque exista una buena sensibilidad viral al interferón administrado, algo que podría conocerse analizando la cinética viral de la 1ª semana, especialmente en respondedores nulos. Al ser terapias con mayor potencia antiviral que la biterapia, los puntos de cortes exigidos para la variable RV1 para que se alcance la RVPS, probablemente serían mayores.

Es conocido que en las terapias basadas en interferón existen 2 fases cinéticas tras la administración de interferón: una fase de rápida caída virémica (1ª 24-48 horas), seguida de una 2ª fase, con reducción virémica más lenta [101,102].

El poder pronóstico de los cambios cinéticos durante esta 1ª fase fueron analizados en un estudio, donde una reducción virémica al 2º día inferior o igual a 0.8 $\log_{10}$ de haber administrado el interferón pegilado alfa-2b tenía un VPN del 95%, mientras que si ésta era mayor o igual a 2.5 $\log_{10}$, su VPP era del 93% [155].

La presencia de RVR y un genotipo CC de la IL-28B constituyen variables dotadas de un alto VPP, pero carecen del suficiente VPN para tomar decisiones clínicas, lo que las invalida como "reglas de parada" [156,157].

La Respuesta Virológica de la Primera Semana (RVPS), al estar dotada de un VPN superior al 90%, podría constituir una nueva "regla de parada" a tener en cuenta en futuros algoritmos terapéuticos, especialmente en subgrupos con peor respuesta al tratamiento (cirróticos, genotipo 1a, respondedores nulos, genotipos IL-28b CT/TT).

Además aquellos pacientes que presenten la RVPS podrían beneficiarse de una reducción de la duración de la terapia, especialmente en pacientes no cirróticos. En nuestra herramienta diagnóstica la cinética viral de la primera semana se analiza en la 2ª escala (Escala Virológica o Virologic Scale).

7.1.2. CINÉTICA LIPÍDICA DURANTE EL 1° MES DE TERAPIA

En nuestro estudio hemos encontrado la existencia de mayores tasas de curación en los pacientes con LDL-colesterol basal más elevados, aunque la significación, a diferencia de otros estudios, sólo fue obtenida en los pacientes con fibrosis hepática significativa (F3-F4), así como la presencia de unas menores tasas de curación en los pacientes con cifras de triglicéridos más elevadas [162,163].

La cinética lipídica durante el 1° mes de terapia antiviral parece modular las tasas de curación de los pacientes con hepatitis crónica C genotipo 1.

Aquellos sujetos que conseguían mantener unos niveles de LDL-colesterol medios lo suficientemente elevados durante las primeras semanas de tratamiento antiviral presentaron mayores tasas de curación, al comportarse éstos como factores limitantes de la infectividad viral a través de los receptores de estas moléculas lipídicas, en especial en los pacientes más difíciles de curar (cirróticos y/o con alta carga viral basal).

Ninguno de los pacientes con genotipo IL-28B desfavorable (CT o TT) que presentaron un grado de esteatosis hepática moderada-severa alcanzaron la RVR. La densidad de proteínas virales asociadas a las lipoviropartículas segregadas en pacientes sin esteatosis o esteatosis leve probablemente va a ser menor que la que presentan los sujetos con grados moderados o severos de esteatosis, comportándose estos conglomerados esteatósicos como potenciales reservorios virales.

Por otra parte, en nuestro estudio la existencia de diferentes niveles de exigencia lipídica o dicho de otra forma, la necesidad de mantener unas determinadas concentraciones plasmáticas media de LDL-colesterol durante el 1° mes de terapia antiviral, dependiendo del grado de fibrosis hepática, carga viral basal y el valor del ratio de infectividad de ese paciente podría ser responsable de diferencias significativas en las tasas de curación de los pacientes con hepatitis crónica C genotipo 1.

Partiendo del hecho de que los pacientes pertenecientes a Niveles de Exigencia Lipídica altos (cirróticos y/o presencia CVB muy elevada) consiguieron alcanzar unas menores tasas de Metabolismo lipídico favorable frente a aquellos sujetos sin cirrosis o CVB menor (NEL bajos), es un hallazgo, que podría explicar por qué estos últimos se curasen más fácilmente que los primeros.

Por tanto, la evaluación del metabolismo cinético lipídico durante las primeras semanas de tratamiento antiviral con biterapia en pacientes con hepatitis crónica C genotipo 1 pone de manifiesto que las condiciones basales de la que parten estos pacientes (el tipo de genotipo de la IL-28B, la presencia y, sobre todo, el grado de severidad de la esteatosis hepática), así como las variaciones que tienen lugar en las concentraciones plasmáticas de las diferentes lipoproteínas (LDL-colesterol, triglicéridos, ratio de infectividad) son factores que juegan un papel crítico, modulando las tasas de curación virológica en estos pacientes [160].

Varios estudios indican que cifras elevadas pretratamiento de lipoproteínas de baja densidad (LDL-colesterol) y colesterol total se han asociado a mayores tasas de RVS [158-162]. La terapias basadas en interferon se han asociado a un incremento en las concentraciones plasmáticas de triglicéridos, como consecuencia de la inhibición de la lipoprotein lipasa.

Las cifras pretratamiento de triglicéridos y LDL-colesterol se encontraron inversa y directamente relacionados a las tasas de RVS, respectivamente. En la mayoría de estos estudios los análisis de lipoproteínas se han basado en las características basales y en análisis transversales a las 12 o 24 semanas de terapia, pero no en fases tan precoces como los realizados en nuestro estudio (4 primeras semanas) y en algunos casos retrospectivo.

Estudios con GWAS (Genome-wide association studies) han identificado de forma independiente un polimorfismo de único nucleótico (SNPs), cerca del gen de la Interleucina 28B (IL-28B), cromosoma 19, el cual además de estar relacionado con las tasas de RVS, también se ha asociado a las cifras basales de LDL-colesterol y la esteatosis hepática de los pacientes con hepatitis crónica C.

También destacamos otro estudio como modelo predictivo de RVS para los genotipos heterocigotos de la IL-28B, en el que las variables predictivas independientes de RVS fueron la presencia de una carga viral basal (CVB mayor o menor de 6 x 10^5), un grado de fibrosis hepática (METAVIR superior o inferior a F2), así como unas cifras basales de LDL-colesterol mayor o inferior a 130 mg/dl, observando en este estudio que los sujetos con cifras LDL-colesterol mayores de 130 mg/dl y CVB < 600000 UI/ml presentaban unas tasas RVS mayores del 80 %, mientras que si no se daban estas circunstancias, estas tasas descendían al 35 % [163].

Estos resultados y los del estudio de Harrison et al, fueron obtenidos retrospectivamente del ensayo IDEAL (Individualized Dosing Efficacy versus flat dosing to Assess optimal pegylated interferon therapy), estudio multicéntrico que incluyó 3070 paciente naïve con HCC-1, donde valores pretratamiento de LDL-colesterol y HDL-colesterol mayores de 130 mg/dl y menores de 40 o 50 mg/dl según sexo, respectivamente, así como el empleo de estatinas se asociaron a mayores tasas de RVS [158].

En nuestro estudio, además, se puso de manifiesto que los pacientes con genotipo favorable de la IL-28B (CC) basalmente presentaban mayores concentraciones plasmáticas basales de LDL-colesterol, lo que podría justificar que estos pacientes respecto a los que portaban un genotipo IL-28B desfavorable (CT/TT) presentaran mayores tasas de curación. El efecto del consumo de estatinas no fue analizado en nuestro estudio, al haber sido una condición de exclusión la presencia de dislipemia.

También fueron confirmados los hallazgos encontrados en otros ensayos en los que se demostró que aquellos pacientes que eran portadores de un genotipo favorable de la IL-28B (CC) presentaban menores tasas de esteatosis hepática (EH), siendo además el grado de severidad de la EH mayor en los genotipos CT/TT [165].

Este aspecto fue confirmado en nuestro estudio, de forma que los pacientes que presentaban esteatosis hepática, en especial, aquellos con esteatosis hepática moderada-severa se curaban menos, probablemente debido a una mayor secreción de lipoproteínas VLDL ricas en triglicéridos y proteínas virales, actuando estas vacuolas lipídica como potenciales reservorios virales protegidos de los controles del sistema inmunitario. Sin embargo, se curaron más los pacientes que mantuvieron unas concentraciones medias de LDL-colesterol más elevadas durante el 1° mes de terapia antiviral, independientemente del genotipo de la IL-28B, lo que probablemente reflejaba la actividad de la lipoprotein lipasa [159].

Los pacientes con genotipo CC, que tuvieron un "ratio de infectividad" elevado (hipertriglicirdemias mayores asociadas o no a un mayor consumo de HDL-colesterol durante el 1° mes de terapia) se curaron menos.

Nuestra hipótesis radica en el hecho de que las moléculas LDL-colesterol, producidas tras la actividad de la lipoprotein lipasa se podrían comportar como limitadores de la infectividad viral a través de los receptores de la LDL-colesterol, de ahí la importancia de una actividad eficiente de esta enzima, lo que a su vez generará unos niveles plasmáticos medios más elevados de LDL-colesterol [163].

Además, el ratio de infectividad elevado como marcador indirecto de una actividad insuficiente de esta enzima, algo que sumado en algunos casos a una marcada secreción de VLDL podría ser responsable de un mayor infectividad viral a través de los receptores Scavenger.

En los pacientes con genotipo CT/TT de la IL-28B que tuvieron esteatosis hepática se consumieron más las moléculas de HDL-colesterol durante el 1° mes de terapia que aquellos que no presentaron esteatosis, lo que a su vez, podría incrementar el ratio de infectividad en estos pacientes, al reducir el denominador de dicho cociente, lo que equivaldría un menor grado de competencia frente al virus por la posible entrada viral a través de los receptores Scavenger.

La hipótesis lipídica que planteamos para explicar estos resultados se basaría en el hecho de que existirían 2 niveles de competencia claves que se comportarían como limitantes de la entrada viral al hepatocito:

1) Aquellos pacientes con una baja actividad de la enzima lipoprotein lipasa durante el tratamiento antiviral, asociada o no a un marcada secreción de lipoviropartículas en forma de VLDL, los niveles plasmáticos de triglicéridos producidos durante las primeras semanas de terapia antiviral serían mayores, fenómeno que podría traducirse en una mayor

infectividad viral a través de los receptores SR-BI, al existir una mayor entrada viral a través de estos receptores de las lipoviropartículas ricas en triglicéridos segregadas por el hepatocito en forma de VLDL, las cuales competirían con las moléculas HDL-colesterol (ligando fisiológico del receptor Scavenger), además de favorecerse la formación de nuevas formas oxidificadas de lipoproteínas.

2) Aquellos pacientes con una baja actividad de la enzima lipoprotein lipasa, al encontrarse limitada la producción de moléculas LDL-colesterol (ligando natural de los receptores LDL-colesterol), podría ser responsable de un incremento de la infectividad viral a través de estos receptores, de ahí que los niveles plasmáticos de LDL-colesterol alcanzados durante las primeras semanas de tratamiento, además de ser un marcador indirecto de la actividad de la lipoprotein lipasa, es posible que jugara un papel fundamental y crítico, a la hora de definir que pacientes van a poderse curarse y cuáles no, dependiendo de los niveles plasmáticos alcanzados.

7.1.3. CORTISOL PLASMÁTICO BASAL COMO PREDICTOR DE RVS.

Es la primera vez que se halla una relación entre los niveles plasmáticos basales de cortisol basal como predictor independiente de RVS en pacientes con hepatitis crónica C genotipo 1. Niveles plasmáticos de cortisol basal se asociaron en nuestro estudio a mayores tasas de fracaso terapéutico con biterapia, probablemente porque los pacientes que presentan mayores tasas de cortisol, estos pacientes vayan a presentar una exposición mayor de receptores de LDL-colesterol en la superficie de la cortical suprarrenal, lo que va a conllevar un mayor grado de infectividad viral y mecanismo protector del virus para evitar el control del sistema inmunitario.

7.1.4. AJUSTE DE DOSIS DE RIBAVIRINA POR ACLARAMIENTO RENAL.

En nuestro estudio confirmamos la importancia de mantener unas mayores concentraciones plasmáticas de Ribavirina al mes de haber iniciado la terapia antiviral, al ser responsable de diferencias en las tasas de RVS, especialmente en aquellos sujetos con genotipo de la Interleucina 28b desfavorable (CT o TT), como en aquellos con un aclaramiento de creatinina basal mayor de 140 mililitros/hora, o si el grado de infradosificación respecto a la fórmula de Lindahl (FL) era de al menos 600 mg/día [128,131].

Otros colectivos de pacientes que se beneficiarían del análisis de las concentraciones plasmáticas de Ribavirina al mes de terapia serían aquellos sujetos que presentaran en la biopsia hepática un menor grado de inflamación (METAVIR A0-A1) o fibrosis hepática (METAVIR F0-F2), especialmente si la edad del paciente era menor de 40 años.

Son, por tanto, pacientes que podrían beneficiarse de un ajuste óptimo de la dosis de Ribavirina, basándonos en la monitorización de factores estrechamente relacionados con las concentraciones plasmáticas de este fármaco, al reducir posiblemente en ellos la tasa de recidivas.

Para una mejor optimización de la dosis diaria de Ribavirina, nuestro grupo propone que el ajuste de la dosis diaria se realice teniendo en cuenta la fórmula de Lindahl [132], basada no solamente en el peso corporal, sino también en el aclaramiento de creatinina de los pacientes, con objeto de intentar mejorar las tasas de RVS.

Los colectivos, que podrían beneficiarse más de su monitorización serían aquellos con peor respuesta al tratamiento a priori (respondedores nulos, parciales y genotipo 1a en triple), así como la monitorización de otra variable estrechamente relacionada, tanto con las C_{valle} RBV en la 4ª semana como con las tasas de RVS: el volumen corpuscular medio eritrocitario (VCM) al 3° mes de biterapia [84].

La Ribavirina es un antiviral, que no ha perdido su protagonismo, tanto en biterapia como triple terapia, ya que previene la incidencia de recidivas. Es un ácido débil, que intracelularmente es fosforilada a sus formas mono, bi y trifosfato con efectos mutagénicos.

La Ribavirina es causante de anemia hemolítica secundaria a la acumulación intraeritrocitaria de sus metabolitos, lo que obliga, en ocasiones, a la reducción de dosis, con potencial riesgo de incremento de fracasos terapéuticos.

El estudio IDEAL puso de manifiesto el impacto positivo de la presencia de anemia en las tasas de RVS, resultados que comparte nuestro estudio. Con objeto de no reducir en exceso la dosis de Ribavirina en pacientes con anemia, son numerosos los estudios publicados, donde se emplea los estimulantes de la eritropoyesis, que aunque no se han asociado a mayores tasas de curación, sí han supuesto una mejoría de calidad de vida y es responsable de un incremento del VCM también.

Aunque el empleo de Epoetina no es la terapia de elección en pacientes tratados con triple terapia con anemia, suele ser habitual su empleo, especialmente en cirróticos (CUPIC) [89].

Los resultados obtenidos en nuestro estudio destaca la importancia que podría tener en práctica clínica la monitorización los factores relacionados con las C_{valle} RBV [133,134], en especial los cambios producidos en el pH urinario al mes de biterapia (comprobar si éste es mayor de 6), y si se ha producido un incremento del VCM eritrocitario al 3° mes de tratamiento antiviral de al menos 6 fentolitros respecto al valor basal, especialmente en genotipo IL-28B CT o TT, fibrosis o inflamación escasa (F0-F2 o A0-A1) y en pacientes jóvenes.

Consideramos fundamental seleccionar aquellos sujetos con un aclaramiento de creatinina basal mayor de 140 mililitros/hora o aquellos con un grado de infradosificación respecto a la fórmula de Lindahl de al menos 600 mg/día, ya que el hecho de tener unas menores C_{valle} RBV al mes de biterapia en estos pacientes se asoció en nuestro estudio a menores tasas de RVS.

De esta forma, podríamos establecer qué pacientes tienen un mayor riesgo de fracaso terapéutico al reducir las dosis de Ribavirina, siendo más beneficioso el empleo de Epoetina, en lugar de reducir excesivamente la dosis de este fármaco.

Por otra parte, planteamos que, siempre que el grado de anemia nos lo permitiera, sería conveniente calcular la dosis diaria de Ribavirina empleando la formula de Lindahl, intentándonos aproximar a ella lo máximo posible, especialmente en biterapia y en pacientes con mayor riesgo de fracaso terapéutico con triple terapia, especialmente si su aclaramiento de creatinina basal es elevado, intentando minimizar la tasa de recidivas.

7.1.5. REGLAS DE PARADA DEL MODELO PREDICTIVO

Actualmente en plena crisis económica global, donde se priorizan los modelos predictivos costo-eficientes, y es fundamental realizar una terapia personalizada, consideramos que nuestra herramienta diagnóstica puede ser de utilidad para la ayuda a la toma de decisiones en práctica clínica.

En pacientes con hepatitis crónica C genotipo-1, al discriminar qué sujetos podrían curarse exclusivamente con biterapia reducida (24 semanas): "bajo riesgo de fracaso terapéutico", o biterapia estándar (48 semanas): "riesgo medio"; evitando así los acontecimientos adversos generados por la triple, y mejorando su accesibilidad, sin olvidar además, que al ser un modelo predictivo basado en puntuaciones, permitiría priorizar las indicaciones de la triple terapia, centrándolas hacia los pacientes más difíciles de curar, que nuestra herramienta consigue discriminar, al asignarles puntuaciones negativas y catalogándolos como "sujetos con alto riesgo de fracaso a la biterapia", siendo por tanto, candidatos a terapias antivirales más potentes (triple de 1ª o 2ª generación).

Dado que en los próximos años vamos a contar con una gran batería de combinaciones antivirales triples, consideramos que la realización de un lead-in con biterapia, con objeto de obtener las puntuaciones de estas 3 escalas predictivas, podría jugar un papel relevante a la hora de decidir cuál es el régimen más adecuado.

Nuestro modelo predictivo, además de estar dotado de una elevada sensibilidad (92,2%) y especificidad (95,8%), presenta un potente valor predictivo positivo (95,9%) y negativo (92%), gracias el análisis de 2 variables cinéticas, que no había sido analizadas en estudios previos, como es la presencia de la Respuesta Virológica de la Primera Semana (RVPS), dotada por sí misma de un valor predictivo negativo superior al 90%, que la convierte en un potente marcador de la sensibilidad viral al interferón y detector precoz (al final de la 1ª semana) de fracaso terapéutico (1ª regla de parada, basada en la suma de las puntuaciones de las Escala Basal y

Virológica), algo de lo que carecen tanto la RVR como el genotipo CC-IL-28B.

Por otro lado, el análisis del metabolismo cinético lipídico durante el 1° mes de biterapia (Escala Lipídica asociada a las 2 escalas previas, como 2ª regla de parada), va a jugar un papel clave, definiendo las posibilidades de curación de los pacientes y generando un potencial ahorro económico total que en nuestra muestra hubiera sido de casi 500.000 €.

En nuestro estudio observamos como concentraciones plasmáticas medias de LDL-colesterol durante el 1° mes (mLDLc) mayores de 100 mg/dl, independientemente del polimorfismo IL-28B, asociadas a un ratio de infectividad bajo (menor de 3,2), constituían factores cinéticos lipídicos, que van a definir qué sujetos presentaron un metabolismo lipídico favorable como reflejo de la interacción de factores metabólicos implicados en la infectividad viral (receptores de la lipoproteína LDL-colesterol y Scavenger) y el grado de actividad enzimática lipoprotein-lipasa. El empleo de una dosis de inducción de interferón pegilado no mejoró la capacidad predictiva del modelo.

7.1.6. BENEFICIO DE BITERAPIA REDUCIDA

La Agencia del Medicamento Europea ha aprobado el uso de biterapia reducida (24 semanas) en genotipos 1 con viremia basal baja (CVB < 600000 UI/ml), que alcancen la RVR, ya que su eficacia es similar a la biterapia durante 48 semanas [139].

Además, la triple terapia, aunque es la terapia de elección en genotipo 1, no está disponible en todos los países debido a su coste y se ha demostrado que su eficacia es similar a la biterapia reducida (sólo 24 semanas) en aquellos sujetos naïve genotipo 1, no cirróticos (F0-F3), con viremia basal (CVB < 600000 UI/ml), que consiguen alcanzar la RVR durante el lead-in, independientemente del genotipo viral, IL-28B y etnia [141].

Este subgrupo de pacientes podrían beneficiarse de una biterapia durante sólo 24 semanas, sin necesidad de emplear terapias triples. Nuestra herramienta consigue detectar estos pacientes, catalogándolos como de "riesgo bajo de fracaso terapéutico", y asignándoles puntaciones muy positivas (más de +10 puntos), tal como podemos ver en suplemento 4: el 96% de ellos no eran cirróticos, el 100% habían sido asignados a Niveles de Exigencia Fibro-virológicos (NEF) bajos y el 77.8% cumplían las características requeridas para una biterapia reducida (ausencia de cirrosis, viremia basal baja y presencia de RVR).

Tan sólo un paciente cirrótico obtuvo una puntuación mayor de +10 puntos, sin alcanzar finalmente la RVS. En el resto de cirróticos la predicción fue correcta.

7.1.7. MONITORIZACIÓN DEL VOLUMEN CORPUSCULAR MEDIO ERITROCITARIO

En nuestro estudio, aquellos pacientes que al 3° mes de terapia presentaron un incremento del VCM de al menos 6 fentolitros, asociado o no a la presencia de un pH urinario al mes mayor de 6, presentaron de forma estadísticamente significativa mayores tasas de curación, de anemia, así como mayores concentraciones plasmáticas de Ribavirina.

Podría ser éste, por tanto, un factor clave a monitorizar en los regímenes antivirales basados en el uso de Ribavirina, al permitirnos en aquellos pacientes en los que no se hubiera experimentado un incremento del VCM al 3° mes de terapia de al menos 6 fl, incrementar la dosis de Ribavirina de forma gradual, hasta conseguir este evento, asociado o no a Epoetina alfa, dependiendo del grado de anemia que presentara el paciente.

Probablemente en el grado de incremento del VCM durante el 1° trimestre va a depender del grado de eritropoyesis que presente dicho paciente (producción de fórmulas inmaduras de la serie roja) como respuesta a la hemolisis producida por la Ribavirina.

Este incremento podría, además, reflejar también de forma indirecta el acúmulo intraeritrocitario de este fármaco, de forma que aquellos pacientes que conseguían un incremento del VCM mayor de 6 fl durante el 1° trimestre de terapia, podrían ser pacientes con eritrocitos con membranas celulares más estables y más resistentes a la lisis.

Esto se traduciría en mayores concentraciones plasmáticas de Ribavirina al mes y una menor excreción urinaria de Ribavirina y sus metabolitos, que al ser ácidos débiles, explicaría que estos pacientes tuvieran una orina menos ácida que la de los pacientes con un incremento del VCM al 3° mes inferior a 6 fentolitros.

En los pacientes que presentaron un incremento del VCM al 3° mes inferior a 6 fentolitros, posiblemente la vida media de estos eritrocitos sea más corta, como consecuencia de la presencia de una membrana eritrocitaria más inestable y más frágil que los predispone a una hemolisis más precoz y más severa, lo que daría lugar a una mayor excreción urinaria de la Ribavirina y sus metabolitos, lo que explicaría que existan unas C_{valle} RBV inferiores, debido a una hemolisis más agresiva, que la eritropoyesis no logra compensar sin poder alcanzar un incremento significativo del VCM. Esto explicaría que la orina de estos pacientes sea más acida que aquellos que logran incrementar su VCM intratratamiento.

Por tanto, los eritrocitos se comportarian como auténticos reservorios plasmáticos circulantes de Ribavirina, que modificarian su volumen dependiendo del equilibrio hemolisis-retención intraeritrocitaria de Ribavirina existente. Estos hallazgos no coinciden con los obtenidos con Arase et al, quien estableció lo contrario a nuestras conclusiones, que mayores concentraciones plasmáticas de Ribavirina se asociaron a un pH más ácido, aunque los análisis de las concentraciones se realizaron en la semana 8 [131].

7.3. VALIDEZ INTERNA Y EXTERNA

Nuestro modelo predictivo, además de estar dotado de una elevada sensibilidad (92,2%) y especificidad (95,8%), presenta un potente valor predictivo positivo (95,9%) y negativo (92%), gracias el análisis de 2 variables cinéticas, que no había sido analizadas en estudios previos, como es la presencia de la Respuesta Virológica de la Primera Semana (RVPS), dotada por sí misma de un valor predictivo negativo superior al 90%, que la convierte en un potente marcador de la sensibilidad viral al interferón y detector precoz (al final de la 1ª semana) de fracaso terapéutico (1ª regla de parada, basada en la suma de las puntuaciones de las Escala Basal y Virológica), algo de lo que carecen tanto la RVR como el genotipo CC-IL-28B.

Por otro lado, el análisis del metabolismo cinético lipídico durante el 1° mes de biterapia (Escala Lipídica asociada a las 2 escalas previas, como 2ª regla de parada), va a jugar un papel clave, definiendo las posibilidades de curación de los pacientes y generando un potencial ahorro económico total que en nuestra muestra hubiera sido de casi 500.000 €.

Nuestro estudio no ha podido demostrar su validez externa en una cohorte independiente de validación, aunque se prevé que en breve se inicie un estudio multicéntrico que permita valorar su validez externa.

7.4. UTILIDAD CLÍNICA

En un momento de crisis económica global, con la llegada de numerosas combinaciones antivirales con previsible mayor coste que las disponibles actualmente y previsible mejor eficacia, es fundamental en práctica clínica, contar con herramientas diagnósticas para la ayuda a la toma de decisiones.

Lo deseable es una terapia antiviral lo más personalizada posible, con el menor riesgo de acontecimientos adversos, intentando minimizar en lo posible los costes directos e indirectos. Si esto es importante, más importante es evitar someter a los pacientes a terapias antivirales, que vayan a ser ineficaces para el paciente: no hay terapia más costosa que aquella que no consigue curar al paciente.

La mayoría de las decisiones terapéuticas se basan en algoritmos terapéuticos basados en variables con un valor predictivo negativo no elevado, tales como la presencia de una genotipo CC de la Interleucina 28b o la presencia de respuesta virológica rápida, que no sirven como regla de parada.

Nuestro modelo predictivo basado en puntuaciones, que son obtenidas en fases muy precoces de un lead-in con biterapia con objetivo diagnóstico, permite detectar aquellos pacientes que pueden curarse sólo con biterapia, ahorrando recursos sanitarios, estableciendo la duración (24 o 48 semanas).

Así podemos definir qué pacientes es mejor no tratarlos con esta terapia, pues es mejor tratarlos con regímenes terapéuticos más potentes, de forma que se gradúa el riesgo de fracaso terapéutico en bajo, medio y alto, gracias a que disponemos de un método diagnóstico, que hasta la fecha no disponíamos para la práctica clínica, con un poder predictivo superior al 90% y basado de reglas de parada para la biterapia.

Consideramos que todo paciente naïve con hepatitis crónica C genotipo-1, antes de iniciar cualquier régimen terapéutico basado en el empleo de interferón (bi o triple), debería ser antes sometido a un lead-in diagnóstico con biterapia, con objeto de obtener las puntuaciones de las 3 escalas y establecer de forma personalizada el régimen terapéutico y duración más apropiados, lo que probablemente permitiría una toma de decisiones más costo-eficiente y una mayor accesibilidad a estos fármacos.

7.5. LIMITACIONES DEL ESTUDIO

Nuestro estudio tiene como limitación la necesidad de ser validado en una cohorte independiente, que confirme nuestros resultados, sin olvidar que se emplearon para su diseño, variables de uso no común en práctica clínica, tales como IP-10 o cortisol. Sin embargo, su bajo coste (sólo 160 €)

y la escasa complejidad que tendría su potencial implantación, creemos que no serían inconvenientes insalvables para poderlas llevar a la práctica clínica.

Otro de los factores limitantes es que la regla de parada de la primera semana, depende de que dispongamos lo antes posible de las cargas virales determinadas durante la 1ª semana y, dependiendo de los laboratorios locales, en ocasiones puede tardar en disponer de las viremias del 3° y 7° día entre 1 y 1,5 semana después de haberse extraído la muestra. Sin embargo, esta limitación se podría resolver centrando los inicios terapéuticos de varios pacientes a la vez para disponer antes de los resultados.

CAPÍTULO VIII

CONCLUSIONES

CAPÍTULO VIII: CONCLUSIONES

1. La biterapia antiviral es igual de efectiva que la triple terapia en el subgrupo de pacientes no cirróticos, con carga viral baja y presencia de una respuesta virológica rápida.
2. La presencia de la Respuesta Virológica de la Primera Semana constituye un predictor robusto e independiente de la sensibilidad viral al interferón y de las tasas de respuesta virológica sostenida, con un poder predictivo superior al que tuvieron la respuesta virológica rápida o la presencia de un genotipo de la Interleucina 28b CC.
3. La presencia de un metabolismo lipídico favorable durante el primer mes de biterapia antiviral constituye un predictor independiente de la respuesta virológica sostenida.
4. Mayores concentraciones plasmáticas medias de lipoproteínas de baja densidad del colesterol durante el primer mes de tratamiento, independientemente del genotipo de la Interleucina 28b, se han asociado a mayores tasas de curación.
5. Un valor elevado del ratio de infectividad durante el primer mes de biterapia antiviral, exclusivamente en sujetos con genotipo de la

Interleucina 28b CC, se asoció a peores tasas de curación, a pesar de tratarse de un genotipo a priori favorable.

6. La fórmula de Lindahl debería ser empleada para el ajuste de la dosis diaria de Ribavirina, en lugar de hacerlo, basándonos tan solo en función del peso corporal, especialmente en pacientes con un aclaramiento de creatinina elevado o genotipo de la Interleucina 28b CT o TT.
7. Es la primera vez que se halla una relación entre los niveles plasmáticos basales de cortisol basal como predictor independiente de respuesta virológica sostenida en pacientes con hepatitis crónica C genotipo 1.
8. La monitorización de la cinética del volumen corpuscular medio eritrocitario y el pH urinario durante el primer trimestre y primer mes de terapia antiviral respectivamente, se relacionaron de forma estadísticamente significativa con las concentraciones plasmáticas de Ribavirina alcanzadas al mes de biterapia.
9. La suma de puntuaciones de las 2 primeras escalas del modelo predictivo (Basal y Virológica) permitió el diseño de la primera regla de parada. Permite detectar al final de la primera semana de biterapia, aquellos pacientes con escasas posibilidades de curarse sólo con ella.

La detección de estos pacientes permitiría suspender el tratamiento al final de la primera semana de biterapia, lo que generaría un ahorro potencial muy significativo de recursos sanitarios y evitaría someterlos a acontecimientos adversos potencialmente evitables.

10. La suma de puntuaciones de las 3 escalas (Basal, Virológica y Lipídica) permitió la obtención de la segunda regla de parada de nuestra herramienta diagnóstica. Ésta permite suspender la biterapia al mes de haberse iniciado en aquellos sujetos con puntuaciones negativas, definiendo qué regimen terapéutico sería el más eficaz.
11. Nuestro estudio ha permitido el diseño de una calculadora pronóstica de respuesta virológica sostenida en sistema Excel para pacientes con genotipo 1, que podría ser aplicada a la práctica clínica.
12. El empleo de una dosis de inducción de interferón pegilado no mejoró la capacidad predictiva del modelo pronóstico que diseñamos.

CAPÍTULO IX

ANEXOS

CAPÍTULOS IX: ANEXOS

9.1. CONSENTIMIENTO INFORMADO

PROYECTO DE INVESTIGACIÓN VHC PI-0200/2008. DEPARTAMENTO HEPATOLOGÍA.

CONSENTIMIENTO INFORMADO

Título del estudio:
Cinética del genotipo 1 del virus de la hepatitis C durante el tratamiento antiviral. Diseño de un modelo predictivo de respuesta virológica, empleando una dosis de inducción de interferón pegilado, el grado de resistencia insulínica y las concentraciones plasmáticas de ribavirina y proteína IP-10.

Código del estudio: Expediente PI-0200/2008

Centro de realización: Hospital Juan Ramón Jiménez de Huelva.

Yo, (nombre y apellidos con letras mayúsculas)...
....
....

He leído la Hoja de información que se me ha entregado.
He podido hacer preguntas sobre el estudio.
He recibido suficiente información sobre el estudio.
He hablado con: (Nombre del investigador)..
....

Comprendo que la participación es voluntaria.
Comprendo que puedo retirarme del estudio:
1° Cuando quiera.
2° Sin tener que dar explicaciones.
3° Sin que esto repercuta en mis cuidados médicos.

Presto libremente mi conformidad para participar en el estudio.

FIRMA DEL SUJETO:_____________________ FECHA:_______________

FIRMA DEL INVESTIGADOR PRINCIPAL
O MÉDICO DEL EQUIPO INVESTIGADOR

____ FECHA:_______________

FIRMA DEL TESTIGO
(Si sujeto o representante legal no puede leer)

____ FECHA:_______________

9.2. ÍNDICE DE TABLAS

9.3. ÍNDICE DE FIGURAS

Notas

Notas

Referencias

CAPÍTULO X: BIBLIOGRAFÍA

1. Lavanchy D. Evolving epidemiology of hepatitis C virus. Clin Microbiol Infect 2011; 17 (2): 107-115.
2. Van der Meer AJ, Veldt BJ, Feld JJ, Dufour JF, Lammert F, Duarte-Rojo A, et al. Association between sustained virological response and all-cause mortality among patients with chronic hepatitis C and advanced hepatic fibrosis. JAMA 2012; 308 (24): 2584-2593.
3. Mihm S, Hartmann H, Ramadori G. A reevaluation of the association of hepatitis C virus replicative intermediates with peripheral blood cells including granulocytes by a tagged reverse transcription/polymerase chain reaction technique. J Hepatol 1996; 24 (4):491-497.
4. Di Bisceglie AM, Goodman ZD, Ishak KG, Hoofnagle JH, Melpolder JJ, Alter HJ, et al. Long-term clinical and histopathological follow-up of chronic posttransfusion hepatitis. Hepatology 1991; 14(6): 969-974.
5. Poynard T, Bedossa P, Opolon P. Natural history of liver fibrosis progression in patients with chronic hepatitis C. The OBSVIRC, METAVIR, CLINIVIR, and DOSVIRC groups. Lancet 1997; 349 (9055): 825-832.
6. Rodger AJ, Roberts S, Lanigan A, Bowden S, Brown T, Crofts N, et al. Assessment of long-term outcomes of community-acquired hepatitis C infection in a cohort with sera stored from 1971 to 1975. Hepatology 2000; 32 (3): 582-587.

7. Misiani R, Bellavita P, Fenili D, Borelli G, Marchesi D, Massazza M, et al. Hepatitis C virus infection in patients with essential mixed cryoglobulinemia. Ann Intern Med 1992; 117 (7): 573-577.
8. Cacoub P, Poynard T, Ghillani P, Charlotte F, Olivi M, Piette JC, et al. Extrahepatic manifestations of chronic hepatitis C. MULTIVIRC Group. Multidepartment Virus C. Arthritis Rheum 1999; 42 (10): 2204-2212.
9. Ferri C, Greco F, Longombardo G, Palla P, Marzo E, Moretti A. Hepatitis C virus antibodies in mixed cryoglobulinemia. Clin Exp Rheumatol 1991; 9 (1): 95-96.
10. Feinstone SM, Kapikian AZ, Purcell RH, Alter HJ, Holland PV. Transfusion-associated hepatitis not due to viral hepatitis type A or B. N Engl J Med 1975; 292(15):767-770.
11. Choo Q-L, Kuo G, Weiner AJ, Overby LR, Bradley DW, Houghton M. Isolation of a cDNA clone derived from a blood-borne non-A, non-B viral hepatitis genome. Science 1989; 244: 359-362.
12. Shimizu YK, Feinstone SM, Kohara M, Purcell RH, Yoshikura H. Hepatitis C virus: detection of intracellular virus particles by electron microscopy. Hepatology 1996; 23 (2): 205-209.
13. Thomssen R, Bonk S, Propfe C, Heermann KH, Köchel HG, Uy A. Association of hepatitis C virus in human sera with beta-lipoprotein. Med Microbiol Immunol (Berl) 1992;181(5):293-300.
14. Houghton M, Weiner A, Han J, Kuo G, Choo QL. Molecular biology of the hepatitis C viruses: implications for diagnosis, development and control of viral disease. Hepatology 1991; 14 (2): 381-388.

15. Enomoto N, Sakuma I, Asahina Y, Kurosaki M, Murakami T, Yamamoto C, et al. Mutations in the nonstructural protein 5A gene and response to interferon in patients with chronic hepatitis C virus 1b infection. N Engl J Med 1996; 334 (2): 77-81.

16. Pawlotsky JM, Germanidis G, Frainais PO, Bouvier M, Soulier A, Pellerin M,et al. Evolution of the hepatitis C virus second envelope protein hypervariable region in chronically infected patients receiving alpha interferon therapy. J Virol 1999; 73 (8): 6490-6499.

17. Polyak SJ, Khabar KS, Rezeiq M, Gretch DR. Elevated levels of interleukin-8 in serum are associated with hepatitis C virus infection and resistance to interferon therapy. J Virol 2001; 75 (13): 6209-6211.

18. Polyak SJ, Khabar KS, Paschal DM, Ezelle HJ, Duverlie G, Barber GN, et al. Hepatitis C virus nonstructural 5A protein induces interleukin-8, leading to partial inhibition of the interferon-induced antiviral response. J Virol 2001; 75 (13): 6095-6106.

19. Witherell GW, Beineke P. Statistical analysis of combined substitutions in nonstructural 5A region of hepatitis C virus and interferon response. J Med Virol 2001; 63 (1): 8-16.

20. Hung CH, Lee CM, Lu SN, Lee JF, Wang JH, Tung HD, et al. Mutations in the NS5A and E2-PePHD region of hepatitis C virus type 1b and correlation with the response to combination therapy with interferon and ribavirin. J Viral Hepat 2003;10 (2): 87-94.

21. Gretch D. Mechanism of interferon resistance in hepatitis C. Lancet 2001; 358 (9294): 1662-1664.

22. Foy E, Li K, Wang C, Sumpter R Jr, Ikeda M, Lemon SM, et al. Regulation of interferon regulatory factor-3 by the hepatitis C virus serine protease. Science 2003; 300 (5622): 1145-1148.

23. Di Bisceglie AM. Hepatitis C. Lancet 1998;351 (9099): 351-355.

24. Simmonds P, Holmes EC, Cha TA, Chan SW, McOmish F, Irvine B, et al. Classification of hepatitis C virus into six major genotypes and a series of subtypes by phylogenetic analysis of the NS-5 region. J Gen Virol 1993; 74 (Pt 11): 2391-2399.

25. Germer JJ, Heimgartner PJ, Ilstrup DM, Harmsen WS, Jenkins GD, Patel R, et al. Comparative evaluation of the VERSANT HCV RNA 3.0, QUANTIPLEX HCV RNA 2.0, and COBAS AMPLICOR HCV MONITOR version 2.0 Assays for quantification of hepatitis C virus RNA in serum. J Clin Microbiol 2002; 40 (2): 495-500.

26. Mulligan EK, Germer JJ, Arens MQ, D'Amore KL, Di Bisceglie A, Ledeboer NA, et al. Detection and quantification of hepatitis C virus (HCV) by MultiCode-RTx real-time PCR targeting the HCV 3' untranslated region. J Clin Microbiol 2009; 47 (8): 2635-2638.

27. Le Guillou-Guillemette H, Lunel-Fabiani F. Detection and quantification of serum or plasma HCV RNA: mini review of commercially available assays. Methods Mol Biol 2009; 510:3-14.

28. Mangia A, Antonucci F, Brunetto M, Capobianchi M, Fagiuoli S, Guido M, et al. The use of molecular assays in the management of viral hepatitis. Dig Liver Dis. 2008; 40 (6): 395-404.

29. Vermehren J, Kau A, Gärtner BC, Göbel R, Zeuzem S, Sarrazin C. Differences between two real-time PCR-based hepatitis C virus (HCV) assays (RealTime HCV and Cobas AmpliPrep/Cobas TaqMan) and one signal amplification assay (Versant HCV RNA 3.0) for RNA detection and quantification. J Clin Microbiol. 2008 Dec;46(12):3880-91.

30. Berg T, Sarrazin C, Herrmann E, Hinrichsen H, Gerlach T, Zachoval R, et al. Prediction of treatment outcome in patients with chronic hepatitis C: significance of baseline parameters and viral dynamics during therapy. Hepatology. 2003 Mar;37(3):600-9.

31. Zheng X[1], Pang M, Chan A, Roberto A, Warner D, Yen-Lieberman B. Direct comparison of hepatitis C virus genotypes tested by INNO-LiPA HCV II and TRUGENE HCV genotyping methods. J Clin Virol. 2003 Oct;28(2):214-6.

32. Ross RS, Viazov S, Kpakiwa SS, Roggendorf M. Transcription-mediated amplification linked to line probe assay as a routine tool for HCV typing in clinical laboratories. J Clin Lab Anal 2007; 21 (5): 340-347.

33. Verbeeck J, Stanley MJ, Shieh J, Celis L, Huyck E, Wollants E, et al. Evaluation of Versant hepatitis C virus genotype assay (LiPA) 2.0. J Clin Microbiol 2008; 46 (6): 1901-1906.

34. Saludes V, González V, Planas R, Matas L, Ausina V, Martró E. Tools for the diagnosis of hepatitis C virus infection and hepatic fibrosis staging. World J Gastroenterol. 2014 Apr 7;20(13):3431-3442.

35. Marcellin P[1], Asselah T. Viral hepatitis: impressive advances but still a long way to eradication of the disease. Liver Int. 2014 Feb;34 Suppl 1:1-3.

36. Reichard O, Norkrans G, Fryden A, Braconier JH, Sönnerborg A, Weiland O. Randomised, double-blind, placebo-controlled trial of interferon alpha-2b with and without ribavirin for chronic hepatitis C. The Swedish Study Group. Lancet 1998; 351 (9096): 83-87.

37. Poynard T, Marcellin P, Lee SS, Niederau C, Minuk GS, Ideo G, et al. Randomised trial of interferon alpha2b plus ribavirin for 48 weeks or for 24 weeks versus interferon alpha2b plus placebo for 48 weeks for treatment of chronic infection with hepatitis C virus. International Hepatitis Interventional Therapy Group (IHIT). Lancet 1998; 352(9138): 1426-1432.

38. McHutchison JG, Gordon SC, Schiff ER, Shiffman ML, Lee WM, Rustgi VK, et al. Interferon alfa-2b alone or in combination with ribavirin as initial treatment for chronic hepatitis C. Hepatitis Interventional Therapy Group. N Engl J Med 1998; 339 (21): 1485-1492.
39. Dill MT, Makowska Z, Trincucci G, Gruber AJ, Vogt JE, Filipowicz M, et al. Pegylated IFN-α regulates hepatic gene expression through transient Jak/STAT activation. J Clin Invest 2014;124(4):1568-81.
40. Wedemeyer H, Wiegand J, Cornberg, Manns MP. Polyethylene glycol-interferon: Current status in hepatitis C virus therapy. J Gastroenterol Hepatol 2002;17 (Suppl 3): S344-S350.
41. Linsay KL, Trepo C, Heintges T, Shiffman ML, Gordon SC, Hoefs JC, et al. A randomized, double-blind trial compared pegylated interferon alfa-2b to interferon alfa-2b as initial treatment for chronic hepatitis C. Hepatology 2001; 34: 395-403.
42. Zeuzem S, Feinman SV, Rasenack J, Heathcote EJ, Lai MY, Gane E, et al. Peginterferon alfa-2a in patients with chronic hepatitis C. N Engl J Med 2000; 343: 1666-1672.
43. Zeuzem S, Schmidt JM, Lee JH, von Wagner M, Teuber G, Roth WK. Hepatitis C virus dynamics in vivo: effect of ribavirin and interferon alfa on viral turnover. Hepatology 1998; 28 (1): 245-252.
44. McHutchison JG, Gordon SC, Schiff ER, Shiffman ML, Lee WM, Rustgi VK, et al. Interferon alfa-2b alone or in combination with ribavirin as initial treatment for chronic hepatitis C. N Engl J Med 1998; 339: 1485-1492.
45. Poynard T, Marcellin P, Lee S, Niederau C, Minuk GS, Ideo G, et al. Randomised trial of interferon alpha 2b plus ribavirin for 48 weeks or for 24 weeks versus interferon alpha 2b plus placebo for 48 weeks for treatment of chronic infection with hepatitis C virus. Lancet 1998; 352: 1426-1432.

46. Poynard T, McHutchison J, Goodman Z, Ling MH, Albrecht J. Is an "a la carte" combination interferon alfa-2b plus ribavirin regimen possible for the first line treatment in patients with chronic hepatitis C? The ALGOVIRC Project Group. Hepatology 2000; 31: 211-218.

47. Hadziyannis SJ, Sette HJr, Morgan TR, Balan V, Diago M, Marcellin P, et al. Peginterferon- -2a and ribavirin combination therapy in chronic hepatitis C. A randomised study of treatment duration and ribavirin dose. Ann Inter Med 2004; 140: 346-355.

48. Davis GL, Wong JB, Mc Hutchison JG, Manns MP, Harvey J, Albrecht J. Early virologic response to treatment with peginterferon alpha-2b plus ribavirin in patients with chronic hepatitis C. Hepatology 2003; 38: 645-652.

49. Manns MP, McHutchison JG, Gordon SC, Rustgi VK, Shiffman M, Reindollar R, et al. Peginterferon alfa-2b plus ribavirin compared with interferon alfa-2b plus ribavirin for initial treatment of chronic hepatitis C: a randomised trial. Lancet 2001; 358 (9286): 958-965.

50. Fried MW, Shiffman ML, Reddy KR, Smith C, Marinos G, Gonçales FL Jr., et al. Peginterferon alfa-2a plus ribavirin for chronic hepatitis C virus infection. N Engl J Med 2002; 347 (13): 975-982.

51. Jacobson IM, Brown RS, Freilich B, Poterucha JJ, Heimbach JK, Goldstein D, et al. Weight-based ribavirin doping increases sustained virological response in patients with chronic hepatitis C: final results of the WIN-R study, a US community-based trial. Hepatology 2005; 42 Suppl 1: 749A.

52. Zeuzem S, Buti M, Ferenci P, Sperl J, Horsmans Y, Cianciara J, et al. Efficacy of 24

weeks treatment with Peginterferon alfa-2b plus Ribavirin in patients with chronic hepatitis C with genotype 1 and low pretreatment viremia. J Hepatol 2006; 44: 97-103.

53. Jensen DM, Morgan TR, Marcellin P, Pockros PJ, Reddy KR, Hadziyannis SJ, et al. Early indentification of HCV genotype 1 patients responding to 24 weeks peginterferon α-2a (40 Kd) ribavirin therapy. Hepatology 2006; 43: 954-960.

54. Ferenci P, Bergholz U, Laferl H, Gurguta C; Maieron A; Gschwantler M, et al. 24-week treatment regimen with peginterferon alfa-2ª (40 Kd) plus ribavirin in HCV genotype 1 or 4 "superresponders". EASL 2006; abstract 8.

55. McHutchison JG, Lawitz EJ, Shiffman ML, Muir AJ, Galler GW, McCone J, et al. Peginterferon alfa-2b or alfa-2a with ribavirin for treatment of hepatitis C infection. N Engl J Med 2009; 361: 580-593.

56. Marcellin P, Cheinquer H, Curescu M, Dusheiko GM, Ferenci P, Horban A, et al. High sustained virological response rates in rapid virologic response patients in the large real-world PROPHESYS cohort confirm results from randomized clinical trials. Hepatology 2012; 56: 2039-2050.

57. Bourliere M, Ouzan D, Rosenheim M, Doffoël M, Marcellin P, Pawlotsky JM, et al. Pegylated inteferon-alpha 2a plus ribavirin for chronic hepatitis C in a real-life setting: the Hepatys French cohort (2003-2007). Antivir Ther 2012; 17: 101-110.

58. Deuffic-Burban S, Deltenre P, Buti M, Stroffolini T, Parkes J, Mühlberger N, et al. Predicted effects of treatment for HCV infection vary among European countries. Gastroenterology 2012; 143: 974–985.

59. Poordad F, McCone J Jr, Bacon BR, Bruno S, Manns MP, Sulkowski MS, et al. Boceprevir for untreated chronic HCV genotype 1 infecion. N Engl J Med 2011; 364: 1195-1206.

60. Jacobson IM, McHutchison JG, Dusheiko G, Di Bisceglie AM, Reddy KR, Bzowej NH,et al. Telaprevir for previously untreated chronic hepatitis C virus infection. N Engl J Med 2011; 364: 2405-2416.

61. Bacon BR, Gordon SC, Lawitz E, Marcellin P, Vierling JM, Zeuzem S,et al. Boceprevir for previously treated chronic HCV genotype 1 infection. N Engl J Med 2011; 364: 1207–1217.

62. Zeuzem S, Andreone P, Pol S, Lawitz E, Diago M, Roberts S, Focaccia R, et al. Telaprevir for retreatment of HCV infection. N Engl J Med 2011; 364: 2417-2428.

63. Gale M Jr, Foy M. Evasion of intracellular host defence by hepatitis C virus. Nature 2005; 436: 939-945.

64. Berg T, von Wagner M, Hinrichsen H, S Mauss, H Wedemeyer, C Sarrazin, et al. Definition of a pretreatment viral load cut-off for an optimized prediction of treatment outcome in patients with genotype 1 infection receiving either 48 or 72 weeks of peginterferon-a2a plus ribavirin [abstract 350]. Hepatology 2006; 44 suppl 1: 321A.

65. Wiegand J, Buggisch P, Boecher W, Zeuzem S, Gelbmann CM, Berg T, et al. Early monotherapy with pegylated interferon alpha-2b for acute hepatitis C infection: the HEP-NET acute-HCV-II study. Hepatology 2006; 43: 250-256.

66. Salmerón J, De Rueda PM, Ruiz-Extremera A, Casado J, Huertas C, Bernal Mdel C, et al. Quasiespecies as predictive response factors for antiviral treatment in patients with chronic hepatitis C. Dig Dis Sci 2006; 51: 960-967.

67. Puig-Basagoiti F, Forns X, Furcic I, Ampurdanés S, Giménez-Barcons M, Franco S, et al. Dynamics of hepatitis C virus NS5A quasiespecies during interferon and ribavirin therapy in responder and non-responder patients with genotype 1b chronic hepatitis C. J Gen Virol 2005; 86: 1067-1075.

68. Akuta N, Suzuki F, Kawamura Y, Yatsuji H, Sezaki H, Suzuki Y, et al. Predictive factors fo early and sustained responses to peginterferon plus ribavirin combination therapy in Japanese patients infected with hepatitis C virus f genotype: amino acid substitutions in the core region and low-density lipoprotein colesterol levels. J Hepatol 2007; 46: 403-410.

69. Heathcote EJ, Shiffman ML, Cookley WG, Dusheiko GM, Lee SS, Balart L, et al. Peginterferon alfa-2a in patients with chronic hepatitis C and cirrhosis. N Engl J Med 2000; 343: 1673-1680.

70. Walsh MJ, Jonsson JR, Richardson MM, Lipka GM, Purdie DM, Clouston AD, et al. Non-response to antiviral therapy is associated with obesity and increased hepatic expression of suppressor of cytokine signaling 3 (SOCS-3) in patients with chronic hepatitis C, viral genotype 1. Gut 2006; 55: 529-535.

71. Dai CY, Yeh ML, Huang CF, Hou CH, Hsieh MY, Huang JF, et al. Chronic hepatitis C infection is associated with insulin resistance and lipid profiles. J Gastroenterol Hepatol. 2013 Jun 28.

72. Camma C, Bruno S, Di Marco V, Bruno R, Bronte F, Capursi V, et al. Insulin resistance is associated with steatosis in nondiabetic patients with genotype 1 chronic hepatitis C. Hepatology 2006; 43: 64-71.

73. Ge D, Fellay J, Thompson AJ, Simon JS, Shianna KV, Urban TJ, et al. Genetic variation in IL28B predicts hepatitis C treatment-induced viral clearance. Nature 2009; 461: 399-401.

74. McHutchison JG, Lawitz EJ, Shiffman ML, Muir AJ, Galler GW, McCone J, et al. Peginterferon alfa 2b or alfa 2a with ribavirin for treatment of chronic hepatitis C infection. N Engl J Med 2009; 361: 580-593.

75. Suppiah V, Moldovan M, Ahlenstiel G, Berg T, Weltman M, Abate ML, et al. IL28B is associated with response to chronic hepatitis C interferón-alpha and ribavirin therapy. Nat Genet 2009; 41: 1100-1104.

76. Tanaka Y, Nishida N, Sugiyama M, Kurosaki M, Matsuura K, Sakamoto N, et al. Genome-wide Association of IL28B with response to pegylated interferón alpha and ribavirin therapy for chronic hepatitis C. Nat Genet 2009; 41: 1105-1109.

77. Thomas DL, Thio CL, Martin MP, Qi Y, Ge D, O'Huigin C, et al. Genetic variation in IL28B and spontaneous clearance of hepatitis C virus. Nature 2009; 461: 798-801.

78. Zeremski M, Markatou M, Borwn QB, Dorante G, Cunningham-Rundles S, Talal AH. Interferon gamma-inducible protein 10: a predictive marker of successful treatment response in hepatitis C virus/HIV coinfected patients. J Acquir Immune Defic Syndr 2007; 45: 262-268.

79. Butera D, Marukian S, Iwamaye AE, Hembrador E, Chambers TJ, Di Bisceglie AM, et al. Plasma chemokine levels correlate with the outcome of antiviral therapy in patients with hepatitis C. Blood 2005; 106: 1175-1182.

80. Diago M, Castellano G, García Samaniego J, Pérez C, Fernández I, Romero M, et al. Association of pretreatment serum interferón gamma inducible protein 10 levels with sustained virological response to peginterferon plus ribavirin therapy in genotype 1 infected patients with chronic hepatitis C. Gut 2006; 55: 374-379.

81. Lagging M, Romero AI, Westin J, Norkrans G, Dhillon AP, Pawlotsky JM, et al. IP-10 predicts viral response and therapeutic outcome in difficult-to-treat patients genotype infection. Hepatology 2006; 44: 1617-1625.

82. Darling JM, Aerssens J, Fanning G, McHutchison JG, Goldstein DB, Thompson AJ, et al. Quantitation of pretreatment serum interferon-γ- inducible protein-10 improves the predictive value of an IL28B gene polymorphism for hepatitis c treatment response. Hepatology 2011; 53: 14-22.

83. Bruchfeld A, Lindahl K, Schvarcz R, Ståhle L. Dosage of Ribavirin in patients with hepatitis C should based on renal function: a population pharmacokinetic analysis. Ther Drug Monit 2002; 24: 701-708.

84. Maynard M, Pradat P, Gagnieu MC, Souvignet C, Trepo C. Prediction of sustained virological response by ribavirin plasma concentration at week 4 of therapy in hepatitis C virus genotype 1 patients. Antivir Ther 2008; 13: 607-611.

85. Ferenci P, Fried MW, Shiffman ML, Smith CI, Marinos G, Gonçales Jr FL, et al. Predicting sustained virological response in chronic hepatitis C patients treated with Peginterferon alfa-2a (40 KD)/ribavirin therapy. J Hepatol 2005; 43: 43: 42-33.

86. Jensen DM, Morgan TR, Marcellin P, Pockros PJ, Reddy KR, Hadziyannis SJ, et al. Early identification of HCV genotype 1 patients responding to 24 weeks peginterferon alpha-2a (40 Kd) / ribavirin therapy. Heaptology 2006; 43: 954-960.

87. Moreno C, delterre P, Pawlotsky JM, Henrion J, Adler M, Mathurin P, et al. Shortened treatment duration in treatment-naive genotype 1 HCV patients with rapid virological response: a meta-analysis. J Hepatol 2010; 52: 25-31.

88. Pearlman BL, Ehleben C. Hepatitis C Genotype 1 Virus With Low Viral Load and Rapid Virologic Response to Peginterferon/Ribavirin obviates a Protease Inhibitor. Hepatology 2014; 59: 71-77.

89. Hézode C, Fontaine H, Dorival C, Larrey D, Zoulim F, Canva V, et al. Triple therapy in treatment-experienced patients with HCV-cirrhosis in a multicentre cohort of the French

Early Access Programme (ANRS CO20-CUPIC) - NCT01514890. J Hepatol 2013; 59:434-441.

90. Marcellin P, Forns X, Goeser T, Nevens F, Carosi G, Drenth JP, et al. Telaprevir is effective given every 8 or 12 hours with ribavirin and peginterferon alfa-2a or -2b to patients with chronic hepatitis C. Gastroenterology. 2011; 140:459- 468.

91. Fried M, Buti M, Dore GJ, R. Flisiak; P. Ferenci; I. M. Jacobson, et al. TMC435 in combination with peginterferon and ribavirin in treatment-naive HCV genotype 1 patients: final analysis of the PILLAR phase IIb study. Program and abstracts of the 62nd Annual Meeting of the American Association for the Study of Liver Diseases; November 4-8, 2011; San Francisco, California. Abstract LB-5.

92. Zeuzem S, Berg T, Gane E, Ferenci P, Foster GR, Fried MW,et al. TMC435 with peginterferon and ribavirin in treatment-experienced HCV genotype 1 patients: the ASPIRE study, a randomised phase IIb trial. Program and abstracts of the 47th Annual Meeting of the European Association for the Study of the Liver; April 18-22, 2012; Barcelona, Spain. Abstract 2.

93. Jacobson I, Dore GJ, Foster GR, Marcellin P, Manns M, Nikitin I, et al. Simeprevir (TMC435) with peginterferon/ribavirin for chronic HCV genotype-1 infection in treatment-naive patients: results from QUEST-1, a phase III trial. Program and abstracts of the 48th Annual Meeting of the European Association for the Study of the Liver; April 24-28, 2013; Amsterdam, The Netherlands. Abstract 1425.

94. Manns M, Marcellin P, Poordad FP, Jacobson I, Dore GJ, Foster GR, et al. Simeprevir (TMC435) with peginterferon/ribavirin for treatment of chronic HCV genotype-1 infection in treatment-naive patients: results from QUEST-2, a phase III trial. Program and

abstracts of the 48th Annual Meeting of the European Association for the Study of the Liver; April 24-28, 2013; Amsterdam, The Netherlands. Abstract 1413.

95. Hassanein T, Lawitz E, Crespo I, Davis MN, DeMicco M, An D,et al. Once daily sofosbuvir (GS-7977) plus PEG/RBV: high early response rates are maintained during post-treatment follow-up in treatment-naive patients with HCV genotype 1, 4, and 6 infection in the ATOMIC study. Program and abstracts of the 63rd Annual Meeting of the American Association for the Study of Liver Diseases; November 9-13, 2012; Boston, Massachusetts. Abstract 230.
96. Lawitz E, Mangia A, Wyles D, Rodriguez-Torres M, Hassanein T, Gordon SC, et al. Sofosbuvir for previously untreated chronic hepatitis C infection. N Engl J Med. 2013; 368: 1878-1887.
97. Ferenci P, Asselah T, Foster GR, Zeuzem S, Sarrazin C, Moreno C, et al. Faldaprevir plus pegylated interferon alfa-2a and ribavirin in chronic HCV genotype-1 treatment-naive patients: final results from STARTVerso1, a randomised, double-blind, placebo-controlled phase III trial. Program and abstracts of the 48th Annual Meeting of the European Association for the Study of the Liver; April 24-28, 2013; Amsterdam, The Netherlands. Abstract 1416.
98. Lam NP, Neumann AU, Gretch DR, Wiley TE, Perelson AS, Layden TJ. Dose dependent acute clearance of hepatitis C genotype virus with inteferon alpha. Hepatology 1997; 26: 226-231.
99. Zeuzem S, Lee JH, Franke A, Rüster B, Prümmer O, Herrmann G,et al. Quatification of the initial decline of serum hepatitis C virus RNA and response to interferon alpha. Hepatology 1998; 27: 1149-1156.

100. Neumann AU, Lam NP, Dahari H, Gretch DR, Wiley TE, Layden TJ, et al. Hepatitis C viral dynamics *in vitro* and the antiviral efficacy of interferon-α therapy. Science 1998; 282: 103-107.

101. Bekkering FC, Stalgis C, McHutchison JG, Brouwer JT, Perelson AS. Estimation of early hepatitis C viral clearance in patients receiving daily interferon and ribavirin therapy using a mathematical model. Hepatology 2001; 33: 419-423.

102. Layden JE, Layden TJ, Reddy KR, Levy-Drummer RS, Poulakos J, Neumann AU. First phase viral kinetic parameters as predictors of treatment response and their influence in the second phase viral decline. J Viral Hepatitis 2002; 9: 340-345.

103. Zeuzem S, Hermann E, Lee JH, Fricke J, Neumann AU, Modi M, et al. Viral kinetics in patients with chronic hepatitis C treated with standard or peginterferon alpha-2a. Gastroenterology 2001; 120: 1438-1447.

104. Buti M, Sánchez-Ávila F, Lurie Y, Stalgis C, Valdés A, Martell M, et al. Viral kinetics in genotype 1 chronic hepatitis C patients during therapy with 2 different doses of peginterferon alpha-2b plus ribavirin. Hepatology 2002; 35: 930-936.

105. Neumann A, Buti M, Lurie Y, Valdes A, Esteban R. The second phase HCV decline slope is the best predictor of sustained virologic response during treatment of chronic HCV genotype 1 patients with peginterferon alpha-2b and ribavirin. 53th Annual Meeting American Association for the Study of liver diseases. Boston 2002.

106. Herrmann E, Lee JH, Marinos G, Modi M, Zeuzem S. Effect of ribavirin on hepatitis C viral kinetics in patients treated with pegylated interferon. Hepatology 2003; 37: 1351-1358.

107. Layden-Almer JE, Ribeiro RM, Perelson AS, Perelson AS, Layden TJ. Viral

dynamics and response differences in HCV-infected African American and white patients treated with IFN and ribavirin. Hepatology 2003; 37: 1343-50.

108. Iwasaki Y, Shiratori Y, Hige S, Nishiguchi S, Takagi H, Onji M, et al. A randomized trial of 24 versus 48 weeks of peginterferon α-2a in patients infected with chronic hepatitis C virus genotype 2 or low viral load genotype 1: a multicenter national study in Japan. Hepatol Int 2009; 3:468-479.

109. Ferenci P, Laferl H, Scherzer TM, Gschwantler M, Maieron A, Brunner H, et al. Peginterferon alfa-2a and ribavirin for 24 weeks in hepatitis C type 1 and 4 patients with rapid virological response. Gastroenterology 2008; 135: 451-458.

110. Thompson AJ, Muir AJ, Sulkowski MS, Ge D, Fellay J, Shianna KV, et al. Interleukin-28B polymorhism improves viral kinetics and is the strongest pretreatment predictor of sustained virologic response in genotype 1 hepatitis C virus. Gastroenterology 2010; 139:120-129.

111. Brady DE, Torres DM, An JW, Ward JA, Lawitz E, Harrison SA, et al. Induction pegylated interferon alfa-2b in combination with ribavirin in patients with genotypes 1 and 4 chronic hepatitis C: a prospective, randomized, multicenter, open-label study. Clin Gastroenterol Hepatol 2010; 8:66-71.

112. Reddy KR, Shiffman ML, Rodriguez-Torres M, Cheinquer H, Abdurakhmanov D, Bakulin I, et al. Induction pegylated interferon alfa-2a and high dose ribavirin do not increase SVR in heavy patients with HCV genotype 1 and high viral loads. Gastroenterology 2010; 139: 1972-1983.

113. Rubbo PA, Van de Perre P, Tuaillon E. The long way toward understanding host and viral determinants of therapeutic success in HCV infection. Hepatol Int 2012; 6:436–440.

114. Itakura J, Asahina Y, Tamaki N, Hirayama I, Yasui Y, Tanaka T, et al. Changes in hepatitis C viral load during first 14 days can predict the undetectable time point of serum viral load by pegylated interferon and ribavirin therapy. Hepatology research 2011; 41: 217-224.

115. Negro F. Abnormalities of lipid metabolism in hepatitis C virus infection. Gut. 2010; 59: 1279-1287.

116. Popescu CI, Dubuisson J. Role of lipid metabolism in hepatitis C virus assembly and entry. Biol Cell. 2009; 102: 63-74.

117. Albecka A, Belouzard S, Beeck AO, Descamps V, Goueslain L, Bertrand-Michel J, et al. Role of low-density lipoprotein receptor in the hepatitis C virus life cycle. Hepatology. 2012; 55: 998-1007.

118. Shimizu Y, Hishiki T, Sugiyama K, Ogawa K, Funami K, Kato A, et al. Lipoprotein lipase and hepatic triglyceride reduce the infectivity of hepatitis C virus (HCV) through their catalytic activities on HCV-associated lipoproteins. Virology. 2010; 407: 152-159.

119. Catanese MT, Ansuini H, Graziani R, Huby T, Moreau M, Ball JK et al. Role of Scavenger receptor class B type I in hepatitis C virus entry: kinetics and molecular determinants. J Virol. 2010; 84: 34-43.

120. Sun HY, Lin CC, Lee JC, Wang SW, Cheng PN, Wu IC, et al. Very low-density lipoprotein/lipo-viro particles reverse lipoprotein lipase-mediated inhibition of hepatitis C virus infection via apolipoprotein. Gut. 2013; 62: 1193-1203.

121. Feld JJ, Hoofnagle JH. Mechanism of action of interferon and ribavirin in treatment of hepatitis C. Nature 2005; 436: 967-972.

122. Dixit NM, Perelson AS. The metabolism, pharmacokinetics and mechanisms of antiviral activity of ribavirin against hepatitis C virus. Cell Mol Life Sci 2006; 63: 832-842.

123. Hiramatsu N, Oze T, Yakushijin T, Wang SW, Cheng PN, Wu IC, et al. Ribavirin dose reduction raises relapse rate dose-dependently in genotype 1 patients with hepatitis C responding to pegylated interferon alpha-2b plus ribavirin. J Viral Hepatitis 2009; 16: 586–594.

124. Lindahl K, Schvarcz R, Bruchfeld A, Ståhle L. Evidence that plasma concentration rather than dose per kilogram body weight predicts ribavirin-induced anaemia. J Viral Hepat 2004; 11: 84–87.

125. McHutchison JG, Everson GT, Gordon S, Jacobson IM, Sulkowski M, Kauffman R, et al. Results of an interim analysis of a phase 2 study of telaprevir (VX-950) with peginterferon α-2a and ribavirin in previously untreated subjects with hepatitis C. Program and abstracts of the 42nd Annual Meeting of the European Association for the Study of the Liver; April 11-15, 2007; Barcelona, Spain. Abstract 786.

126. Zeuzem S, Hezode C, Ferenci P, Ferenci P, Pol S, Goeser T, et al. PROVE2: phase II study of VX950 (telaprevir) in combination with peginterferon alfa2a with or without ribavirin in subjects with chronic hepatitis C, first interim analysis. Program and abstracts of the 58th Annual Meeting of the American Association for the Study of Liver Diseases; November 2-6, 2007; Boston, Massachusetts. Abstract 80.

127. Poordad F, Lawitz E, Reddy KR, Afdhal NH, Hézode C, Zeuzem S, et al. Effects of ribavirin dose reduction vs. erythropoietin for Boceprevir-related anemia in patients with chronic hepatitis C virus genotype 1 infection--a randomized trial. Gastroenterology 2013; 145: 1035–1044.

128. Lindahl K, Stahle L, Bruchfel A, Schvarcz R, et al. High-dose ribavirin in combination with standard dose peginterferon for treatment of patients with chronic hepatitis C. Hepatology 2005; 41: 275–279.

129. Jen JF, Glue P, Gupta S, Zambas D, Hajian G. Population pharmacokinetic and pharmacodynamic analysis of ribavirin in patients with chronic hepatitis C. Ther Drug Monit 2000; 22: 555–565.

130. Tsubota A, Hirose Y, Izumi N, Kumada H. Pharmacokinetics of ribavirin in combined interferon-alpha 2b and ribavirin therapy for chronic hepatitis C virus infection. Br J Clin Pharmacol 2003; 55: 360–367.

131. Arase Y, Ikeda A, Tsubota A, Suzuki F, Suzuki Y, Saitoh S, et al. Significance of serum ribavirin concentration in combination therapy of interferon and ribavirin for chronic hepatitis C. Intervirology 2005; 48: 138–144.

132. Bruchfeld A, Lindalh K, Schvarcz R, Ståhle L. Dosage of ribavirin in patients with hepatitis C should be based on renal function: a population pharmacokinetic analysis. Ther Drug Monit 2002; 24:701–708.

133. Morello J, Rodriguez-Novoa S, Cantillano AL, González-Pardo G, Jiménez I, Soriano V. Measurement of ribavirin plasma concentrations by high-performance liquid chromatography using a novel solid-phase extraction method in patients treated for chronic hepatitis C. Ther Drug Monit. 2007; 29: 802–806.

134. Morello J, Rodriguez-Novoa S, Jiménez Nácher I, Soriano V. Usefulness of monitoring ribavirin plasma concentrations to improve treatment response in patients with chronic hepatitis C. J Antimicrob Chemother 2008; 62:1174–1180.

135. El Khoury AC, Klimack WK, Wallace C, Razavi H. Economic burden of hepatitis C associated diseases in the United States. J Viral Hepatitis 2012; 19: 153-160.

136. van der Meer AJ, Veldt BJ, Feld JJ, Wedemeyer H, Dufour JF, Lammert F, et al. Association between sustained virological response and all-cause mortality among patients

with chronic hepatitis C and advanced hepatic fibrosis. JAMA. 2012; 308: 2584-93.

137. Ghany MG, Nelson DR, Strader DB, Thomas DL, Seeff LB. An update on treatment of genotype 1 chronic hepatitis C virus infection: 2011 practice guideline by the American Association for the Study of Liver diseases. Hepatology 2011; 54:1433-1444.

138. Craxi A, Pawlotsky JM, Weldemeyer H, Bjoro K, Flisiak R, Forns X, et al. EASL Clinical Practice Guidelines: management of hepatitis C virus infection. J Hepatol. 2011; 55: 245-264.

139. Moreno C, Deltenre P, Pawlotsky JM, Henrion J, Adler M, Mathurin P. Shortened treatment duration in treatment-naïve genotype 1 HCV patients with rapid virological response: a meta-analysis. J Hepatol 2010; 52: 25-31.

140. Leroy V, Serfaty L, Bourlière M, Bronowicki JP, Delasalle P, Pariente A, et al. Protease inhibitor-based triple therapy in chronic hepatitis C: guidelines by the French Association for the Study of the Liver. Liver Intern 2012; 32: 1477-1492.

141. Pearlman BL, Ehleben C. Hepatitis C genotype 1 virus with low viral load and rapid virologic response to peginterferon/ribavirin obviates a protease inhibitor. Hepatology 2014; 59: 71-77.

142. O'Brien TR, Everhart JE, Morgan TR, Lok AS, Chung RT, Shao Y, et al. An IL28B genotype-based clinical prediction model for treatment of chronic hepatitis C. PLoS One 2011; 6: e20904.

143. Vidal-Castiñeira JR, López-Vázquez A, Alonso-Arias R, Moro-García MA, Martínez-Camblor P, et al. A predictive model of treatment outcome in patients with chronic HCV infection using IL28B and PD-1 genotyping. J Hepatol. 2012; 56 (6): 1230-1238.

144. Kurosaki M, Matsunaga K, Hirayama I, Tanaka T, Sato M, Yasui Y, et al. A

predictive model of response to peginterferon ribavirin in chronic hepatitis C using classification and regression tree analysis. Hepatol Res 2010; 40: 251-260.

145. Medrano J, Neukam K, Rallón N, Rivero A, Resino S, Naggie S, et al. Modeling the probability of sustained virological response to therapy with pegylated interferon plus ribavirin in patients coinfected with hepatitis C virus and HIV. Clin Infect Dis 2010; 51: 1209-1216.

146. Lagging M, Romero AI, Westin J, Norkrans G, Dhillon AP, Pawlotsky JM, et al. IP-10 predicts viral response and therapeutic outcome in difficult-to-treat patients with HCV genotype 1 infection. Hepatology 2006; 44: 1617-1625.

147. Lagging M, Askarieh G, Negro F, Bibert S, Söderholm J, Westin J, et al. Response prediction in chronic hepatitis C by assessment of IP-10 and IL-28B-related single nucleotide polymorphisms. PLoS One 2011; 6 (2): e17232.

148. Conteduca V, Sansonno D, Russi S, Pavone F, Dammacco F. Therapy of chronic hepatitis C virus infection in the era of direct-acting and host-targeting antiviral agents. J Infect 2014; 68 (1): 1-20.

149. Poordad F, McCone J, Bacon BR, Bruno S, Manns MP, Sulkowski MS, et al. Boceprevir for untreated chronic HCV genotype 1 infection. N Engl J Med 2011; 364 (13): 1195-1206.

150. Jacobson IM, McHutchison JG, Dusheiko G, Di Bisceglie AM, Reddy KR, Bzowej NH et al. Telaprevir for previously untreated chronic hepatitis C virus infection. N Engl J Med 2011; 364 (25):2405-2416.

151. Bacon BR, Gordon SC, Lawitz E, Marcellin P, Vierling JM, Zeuzem S et al. Boceprevir for previously treated chronic HCV genotype 1 infection. N Engl J Med 2011; 364 (13): 1207-1217.

152. Zeuzem S, Andreone P, Pol S, Diago M, Roberts S, Focaccia R, et al. Telaprevir for retreatment of HCV infection. N Engl J Med 2011; 364 (25): 2417-2428.

153. Jacobson I, Dore GR, Foster GR, Fried MW, Radu M, Rafalskiy VV, et al. 1425 Simeprevir (TMC435) with peginterferon/ribavirin for chronic HCV genotype-1 infection in treatment-naïve patients: results from QUEST-1, a phase III trial. J Hepatol 2013; 58 (Suppl.1): S574.

154. Lawitz E, Mangia A, Wyles D, Rodriguez-Torres M, Hassanein T, et al. Sofosbuvir for previously untreated chronic hepatitis C infection. N Engl J Med 2013; 368 (20): 1878-1887.

155. Durante-Mangoni E, Zampino R, Portella G, Adinolfi LE, Utili R, Ruggiero G. Correlates and prognostic value of the first-phase hepatitis C virus RNA kinetics during treatment. Clin Infect Dis. 2009; 49: 498-506.

156. Thompson AJ, Muir AJ, Sulkowski MS, Ge D, Fellay J, Shianna KV, et al. Interleukin-28B polymorphism improves viral kinetics and is the strongest pretreatment predictor of sustained virologic response in genotype 1 hepatitis C virus. Gastroenterology 2010; 139 (1): 120-129.

157. Pearlman BL, Ehleben C. Hepatitis C genotype 1 virus with low viral load and rapid virologic response to peginterferon/ribavirin obviates a protease inhibitor. Hepatology 2014; 59 (1):71-77.

158. Harrison SA, Rossaro L, Hu KQ, Patel K, Tillmann H, Dhaliwai S, et al. Serum cholesterol and statin use predict virological response to peginterferon and ribavirin therapy. Hepatology 2010; 52 (3): 864-874.

159. Hamamoto S, Uchida Y, Wada T, Moritani M, Sato S, Hamamoto M, et al. Changes in serum lipid concentrations in patients with chronic hepatitis C virus positive hepatitis

responsive or non-responsive to interferon therapy. J Gastroenterol Hepatol. 2005; 20:204-208.

160. Ramcharran D, Wahed A, Conjeevaram HS, Evans RW, Wang T, Belle SH, et al. Associations between serum lipids and hepatitis C antiviral treatment efficacy. Hepatology. 2010; 52:854-863.

161. Tada S, Saito H, Ebinuma H, Ojiro K, Yamaishi Y, Kumagai N, et al. Treatment of hepatitis C virus with peg-interferon and ribavirin combination therapy significantly affects lipid Metabolism. Hepatol Res. 2009; 39: 195-199.

162. Catanese MT, Ansuini H, Graziani R, Huby T, Moreau M, Ball JK,et al. Role of Scavenger receptor class B type I in hepatitis C virus entry: kinetics and molecular determinants. J Virol 2010; 84 (1): 34-43.

163. Clark PJ, Thompson AJ, Zhu M, Vock DM, Zhu Q, Ge D, et al. Interleukin 28Bpolymorphisms are the only common genetic variants associated with low-density lipoprotein colesterol (LDL-C) in genotype-1 chronic hepatitis C and determinate the association between LDL-C and treatment response. J Viral Hepat. 2012; 19: 332-340.

164. Lagging M, Askarieh G, Negro F, Bibert S, Söderholm J, Westin J, et al. Response prediction in chronic hepatitis C by assessment of IP-10 and IL-28B-related single nucleotide polymorphisms. PLoS One 2011; 6 (2): e17232.

165. Lagging M, Romero AI, Westin J, Norkrans G, Dhillon AP, Pawlotsky JM, et al. IP-10 predicts viral response and therapeutic outcome in difficult-to-treat patients with HCV genotype 1 infection. Hepatology 2006; 44 (6): 1617-25.

166. Medrano J, Neukam K, Rallón N, Rivero A, Resino S, Naggie S, et al. Modeling the probability of sustained virological response to therapy with pegylated interferon plus ribavirin in patients coinfected with hepatitis C virus and HIV. Clin Infect Dis. 2010; 51 (10): 1209-16.

167. Kurosaki M, Matsunaga K, Hirayama I, Tanaka T, Sato M, Yasui Y, et al. A predictive model of response to peginterferon ribavirin in chronic hepatitis C using classification and regression tree analysis. Hepatol Res 2010; 40 (4): 251-60.

168. Vidal-Castiñeira JR, López-Vázquez A, Alonso-Arias R, Moro-García MA, Martinez-Camblor P, Melón S, et al. A predictive model of treatment outcome in patients with chronic HCV infection using IL28B and PD-1 genotyping. J Hepatol. 2012; 56 (6): 1230-8.